江西南昌地区物候期对气候生态因子的响应

肖金香　叶　清　冯敏玉　幸娇萍　著

内容简介

本书介绍了物候和物候学概念、国内外物候学发展简史，编制了物候期、物候自然历，划分了物候四季，以及物候期对气候生态因子的响应，附有133幅植物各生育期和动物及气象水文物候图。物候对于预告农时、指示和预报季节的早晚、安排农事、农作物区划、掌握采种和造林季节、理解生态系统的季节性动态、监测物种对环境变化的适应性有重要的指导意义和应用价值。

本书作者根据在江西南昌地区连续22 a实测的103种木本植物物候期，与所在地历年气象资料进行建模分析，是一本内容丰富、可读性强、对当地农林生产有指示意义的物候书籍。可作为气象、林学、农学、园林、植保、环保、地理、生态等专业的本科生、研究生参考学习用书，也可供中国物候观测网各站点科技工作者和物候爱好者参考使用。

图书在版编目（CIP）数据

江西南昌地区物候期对气候生态因子的响应 / 肖金香等著. -- 北京 : 气象出版社, 2024. 12. -- ISBN 978-7-5029-8373-4

Ⅰ. Q142.2; Q948.119

中国国家版本馆CIP数据核字第2024R11533号

江西南昌地区物候期对气候生态因子的响应

JIANGXI NANCHANG DIQU WUHOUQI DUI QIHOU SHENGTAI YINZI DE XIANGYING

肖金香　叶　清　冯敏玉　幸娇萍　著

出版发行：气象出版社

地　　址：北京市海淀区中关村南大街46号　　**邮政编码**：100081

电　　话：010-68407112（总编室）　010-68408042（发行部）

网　　址：http://www.qxcbs.com　　**E-mail**：qxcbs@cma.gov.cn

责任编辑：王元庆　　**终　　审**：张　斌

责任校对：张硕杰　　**责任技编**：赵相宁

封面设计：艺点设计

印　　刷：北京建宏印刷有限公司

开　　本：787 mm×1092 mm　1/16　　**印　　张**：11

字　　数：281千字

版　　次：2024年12月第1版　　**印　　次**：2024年12月第1次印刷

定　　价：88.00元

前　言

物候被视为是“大自然的语言”和全球变化的“诊断指纹”。物候学是研究自然界的植物(包括农作物)、动物与环境条件(气候、水文、土壤条件)的周期变化之间相互关系的科学,也是农业气象学和农业生态学的边缘学科,被称为“我国土生土长的一种学科”,与现代生物科学、地理科学、环境科学等均有密切联系,具有学科交叉融合的特点。物候学的研究内容包括各种植物的发芽、展叶、开花、叶变色、落叶等,候鸟、昆虫及其他动物的迁移、始鸣、终鸣、始见、绝见等,还包括一些周期性发生的自然现象,如初雪、终雪、初霜、终霜、融冰及河湖的封冻、融化、流凌等。

根据物候现象出现的早迟可编制成自然历,用来预告农时和预报季节的早晚,作为指示播种和收获期及除草的指标。物候现象是过去和现在各种环境因素的综合反映,因此,物候现象可以作为环境因素影响的指标,也可以用来评价环境因素对动、植物影响的总体效果。植物物候也能敏感地指示气候变化,作为气候变化影响的指示器可用来研究历史时期气候的变迁。用物候划分季节,掌握采种和造林季节、确定造林和采集树木种子的日期,可作为农业气候区划的指标或辅助指标。作自然地理区划时,也可以物候作依据,物候可以帮助理解生态系统的季节性变化。物候学在全球变化研究中发挥了巨大作用,作为一种综合性响应指标,被相关学者广泛深入地做过研究。

江西农业大学一直是中国物候观测网的成员单位。早在 20 世纪 60 年代在江西农学院(南昌市莲塘镇)就开始观测物候,当时只有 6 种植物。1969 年江西农学院和江西共产主义劳动大学合并,1980 年 11 月更名为江西农业大学,观测点转移到现在的江西农业大学校园内,一直未再变动。1983—1985 年观测植物只有十几种,由周绍先和肖金香两位老师观测,2002 年—2018 年上半年由肖金香老师观测,2018 年下半年开始由肖金香的学生冯敏玉(南昌市气象局高级工程师)接替观测至今。

选用 2002—2023 年连续 22 a 观测的物候资料,整理出物候期,按月份编制出自然物候历,划分物候四季,统计物候期对气候生态因素的响应程度,对安排当地的农林业生产和气候变化的研究有实际意义,同时也可作为国内其他物候网站的对比资料。

本书物候原始资料由肖金香教授整理、统计、编制并执笔完成。气候资料和四季划分由叶清副教授整理,照片由肖金香教授和姚新教授拍摄,图片由幸娇萍讲师处理。书中有几张木本植物叶变色和动物、气象水文图片来自百度,大杜鹃图片由张微微教授提供。在此向提供图片的作者表示深深的谢意。

本书的出版得到了“十四五”科技支撑国家重点研发计划“典型脆弱生态系统保护与修复专项”“高时空分辨率植被物候监测技术与设备研发及应用示范”项目(2023YFF1303804),以及江西省林学一流高峰特色学科建设经费资助。

本书的出版也得到气象出版社，中国科学院地理科学与资源研究所葛全胜研究员、戴君虎研究员、于沪宁研究员，中国农业大学杨晓光教授、郑大玮教授，江西农业大学林学院院长陈伏生教授的关心鼓励和大力支持。在此，向关心、支持本书出版的单位和领导及所有参考书刊的著者表示衷心的感谢。

虽然著者竭尽全力，力求完善，但仍感有不足之处。敬请读者批评指正，有待今后进一步充实完善。

肖金香

2024 年 6 月

目　录

1 绪 论

1.1 物候学的研究对象

物候是指植物、动物、天气等随季节变化的周期性自然现象。如植物发芽、展叶、开花、结果、叶变色、落叶，青蛙、蚱蝉、蟋蟀等动物始鸣、终鸣及气象水文现象始见、绝见等反映气候和节令变化的一种重要自然现象。物候学是研究自然界的植物(包括农作物)、动物与环境条件(气候、水文、土壤条件)的周期变化之间相互关系的科学。目的是认识自然季节现象变化规律，以服务于农业生产和科学研究。Phenology 一词最早由比利时植物学家 Charles Morren 于 1849 年提出。可见物候学的研究对象是植物(如树木的芽萌发、叶片展开、开花、结果和落叶等)、动物(如鸟类的迁徙、昆虫的羽化、哺乳动物的繁殖周期等)、微生物(如某些微生物种群的季节性变化)、农作物(作物的生长周期、开花和成熟时间等)的自然生长变化现象。考察物候现象的南北差异、东西差异、垂直方向上的差异以及物候现象的古今差异，从时间和空间的分布阐述气候变化与动、植物的相互关系，从中发现规律，并利用这些规律研究大自然的变化规律和指导生产活动。

1.2 物候学的研究内容

(1)物候数据的收集:记录和整理生物的季节性活动数据。

(2)物候模式的分析:研究生物物候现象的规律，如周期性、同步性等。

(3)物候与环境因素的关系:探讨温度、降水、光照等环境因素如何影响物候。

(4)气候变化对物候的影响:研究全球变暖等气候变化对生物物候的影响。

(5)物候模型的建立:构建数学模型预测物候变化。

1.3 物候学的研究任务

(1)全球变化研究:物候学在研究全球气候变化对生态系统的影响中扮演着重要角色。通过监测植物和动物的季节性活动，物候学提供了气候变化影响的直接证据。

(2)农业生产服务:物候学通过研究自然界生物的季节性活动，为农业生产提供重要的时间和条件信息，如播种、收获的最佳时间。

(3)生态系统分析和管理:物候学研究有助于理解生态系统的动态变化，为生态系统管理和保护提供科学依据。

(4)自然历编制:物候学研究有助于编制自然历,即根据自然界生物的季节性活动来划分时间,这对农业活动和生物多样性保护都有重要意义。

(5)气候变化研究:物候学通过长期观测生物的季节性活动,为研究历史时期的气候变化提供数据支撑。

(6)生物多样性保护:物候学研究有助于监测生物多样性的变化,尤其是在全球变暖的背景下,物种的生活习性和分布可能发生变化。

(7)遥感技术应用:物候学结合遥感技术,可以更准确地监测大范围的植被变化和生物活动,为环境监测和资源管理提供数据。

(8)气候调查和区划:物候学可以用于小区域和山区的气候调查,帮助划分不同的气候区域,为农业区划和土地利用规划提供依据。

(9)教育和普及物候学:物候学的研究结果可用于教育和普及自然科学知识,提高公众对环境变化的认识。

(10)跨学科研究:物候学是一个交叉学科,它与生态学、气象学、地理学等多个学科领域有关联,促进了这些学科之间的交流和合作。

物候学的研究任务不仅限于上述几点,还包括对物候模型的研究、物候数据的高精度获取,以及物候响应气候变化机制的尺度效应研究等。

1.4 物候数据的收集和研究方法

物候数据的收集是物候学研究的基础,它涉及多种观测方法和技术。

(1)直接观测:这是最基本的方法,涉及对生物个体或种群的直接观察。例如,植物学家可能会定期检查特定树木的芽萌发和开花情况。

(2)固定样地调查:在特定的地点(样地)进行定期的观测,以收集关于植物生长、开花和结实等信息。

(3)遥感技术:利用卫星图像和航空摄影来监测大范围区域内的植被变化,这种方法特别适合于难以接近或广阔的地区。

(4)时间序列分析:通过连续记录特定物候事件的发生时间,如第一片叶子的出现或最后一次迁徙鸟类的离开,来分析季节性模式。

(5)公民科学:鼓励公众参与数据收集,通过智能手机应用或在线平台报告他们观察到的物候事件。

(6)历史记录分析:利用过去的日记、信件、农业记录和科学文献中的描述,来重建过去的物候模式。

(7)生物指标:使用某些对环境变化特别敏感的生物(如某些鸟类或昆虫)作为指标,来监测环境变化对物候的影响。

(8)长期监测项目:参与或建立长期的物候监测项目,如国际物候学网络(Phenological Networks)等,以收集连续多年的数据。

(9)统计分析:对收集到的数据进行统计分析,以识别物候事件与环境因素的相关和因果关系。

(10)地理信息系统(GIS):利用 GIS 工具来分析和可视化物候数据的空间分布,以及它们与地理环境的关系。

(11)模型模拟:结合观测数据和环境数据,使用模型来模拟物候事件,以预测未来可能的变化。

通过这些方法,物候学家能够收集到关于生物季节性活动的综合数据,为进一步的分析和研究提供基础。这些数据对于理解生物对环境变化的响应、预测气候变化对生态系统的影响以及制定相应的环境管理策略都至关重要。

1.5 物候学发展简史

1.5.1 国外物候学发展概况

国外物候学的发展历史悠久,其研究概况可以从几个方面来概述。

1.5.1.1 古老物候阶段

在 18 世纪以前,物候属于古老的观测阶段,农民通过对自然界动、植物每年重复出现的物候现象,观测掌握自然界的季节规律来进行农时的安排。两千多年前的古希腊时代(公元前 800—前 146 年),雅典人就已经试制出物候历,公元前 102—前 44 年,罗马恺撒时代颁布了物候历以供农业应用。

1.5.1.2 近代物候阶段

18 世纪—20 世纪 90 年代为近代物候时期,物候学作为一门学科诞生并开始初期发展。在此期间,地理学家和自然历史学家开始系统记录各种物候事件的时间,并用统计和实验方法研究物候机理。在 18 世纪中后期和 19 世纪前期,瑞典、英、德等国的科学家开始进行系统的物候观测和记录。德国建立了真正意义上的国家物候服务研究机构。欧洲在 18 世纪中叶出现有组织的物候观测,19 世纪后半期,美国、苏联等国也开始了物候观测,并建立了物候观测网。公元 812 年,日本开始对樱花开花日期做记录,至今已有 1200 多年的历史。英国的马香子孙五代,从 1736 年到 20 世纪 40 年代,对植物、候鸟和昆虫等 27 种动、植物进行了长期观测和记录,这是欧洲年代最长的物候记录。18 世纪中叶,瑞典植物学家林奈所著《植物学哲学》一书,概述了物候学的任务、物候的观测和分析方法,并组织了有 18 个点的观测网,他是欧洲物候学的奠基人。19 世纪欧洲物候观测网更加完善,其观测点分布在比利时、荷兰、意大利、大不列颠和瑞士等国,其中瑞士的森林物候观测网是 1869 年在伯尔尼建立的,观测一直持续至 1882 年。德国物候观测网是在 19 世纪 90 年代由植物学家霍夫曼建立,他选取了 34 种植物作为中欧物候观测的对象,观测了 40 a,其后又由其学生伊内接替。1918 年霍普金斯提出了北美温带地区物候现象空间分布的生物气候定律。20 世纪 50 年代,欧洲各国均建立了物候观测网,1957 年德国著名的物候学家 Schnella 创立了国际物候观测园。

1.5.1.3 全球气候变化物候时期

20 世纪 90 年代至今为全球气候变化物候时期。国际物候观测网络的建立促进了大规模和标准化物候数据的收集与共享。同时，遥感技术的快速发展极大地拓宽了研究范围，促进了全球变化时期宏观物候学的发展，提高了对不同尺度(物种观测、生物群落、景观尺度)植物物候变化的理解。另外，物候实验研究为物候过程的机理提供了新的见解，更加科学的观测技术和物候模型模拟也促进了物候研究的全面发展，有助于预测未来不同气候条件下植物物候的变化。

国外已建立了多个强大的物候资料共享网站，其中影响较大的有 10 余个，例如英国物候观测网有 200 多个站点，100 余种物种，每年存档数据 10 万余条，最早记录至 1753 年；美国物候观测网有 7500 余个站点，371 种植物，76 种动物，每年存档数据 18 万条，已积累资料近 100 万条，最早记录至 1936 年。

1.5.2 国内物候学发展概况

1.5.2.1 古代物候学

中国是世界上最早的物候记载国家，在古代已有物候概念，如甲骨文中的“春”“秋”两字。两千多年前的《诗经·豳风·七月》《夏小正》《吕氏春秋·十二纪》《淮南子·时则训》和《礼记·月令》等，都有物候观测的记录，那时已经按月记载全年的物候历了。而《逸周书·时训解》更把全年分为七十二候，记有每候五天的物候，成为更加完善的物候历，北魏时曾附属于历书，物候与节气结合，用于指导农业生产。如《梦溪笔谈》《齐民要术》《本草纲目》《农政全书》等著作中，都涉及物候知识或运用物候知识解决农事等问题。

南宋淳熙七年至八年(公元 1180—1181 年)，吕祖谦记录了浙江金华地区蜡梅、桃、李、梅、杏、紫荆、海棠、兰、竹、豆蓼、芙蓉、莲、菊、蜀葵、萱草等 24 种植物开花结果的物候和春莺初到、秋虫初鸣的时间，这是世界上最早最完美实际观测得到的物候。吕祖谦写下世上最早的物候观测日记，保存着 15 世纪以前实测的物候记录。他是古代物候学的开创者和典型代表，竺可桢先生给予了他高度的评价。

1.5.2.2 近代物候学的创立

中国近代物候学的发展起源于 20 世纪 20 年代初，竺可桢先生是中国近代物候学的创始人，被誉为中国物候学之父。竺可桢先生提倡并推动了现代物候学的发展，使之成为农业气象学和生态学的边缘学科。他于 1921 年在南京开始物候观测并持续终生。1931 年，他撰写的“论新月令”一文首次提出物候学一词，系统总结了中国历来的物候学思想，提出了现代物候学的定义，同时汲取欧洲等西方国家物候研究之精华，阐述了现代物候观测与研究的重要意义，给后来者研究物候留下了宝贵的财富。中国的科学物候观测虽较欧洲晚近 200 a，但由于竺先生高瞻远瞩，20 世纪 20—30 年代他在物候领域的科学实践使中国在现代物候研究及应用上基本与欧洲和北美同步。由于数据优势，当时在物候历史变迁的研究方面则超越欧美，世界领先。

(1)物候观测网的建立:1934 年,竺可桢先生组建了物候观测网,这标志着中国现代物候观测的开端。从 1934 年起,中华民国中央研究院气象研究所选定了 21 种植物和 26 种农作物,委托各地农事试验场进行观测。20 世纪 50 年代,中国科学院、中央气象局分别编制了《中国物候观测方法草案》《中国物候观测动、植物观测种类》和《农作物物候观测方法》,并在一些气象站和单位先后进行了主要农作物物候观测和自然物候观测。另外,在山区气候考察中也普遍进行了动、植物物候观测。自 1957 年起,农作物物候的观测工作推向了全国。1961 年,在竺可桢先生的指导下,由中国科学院地理研究所主持建立了全国物候观测网,制定了《物候观测方法(草案)》,其中选取木本植物 33 种、草本植物 2 种作为全国共同的植物物候观测种类。1962 年,在竺可桢先生的领导下,借鉴国外有关物候观测和研究的经验,设计了中国现代物候观测规范和标准,建立了"中国物候观测网",拥有 60 多个观测点,覆盖全国。1966—1971 年多数单位中断了观测,直至 1972 年才得以恢复。

(2)物候学研究成果:近代物候学研究成果颇丰,下面选摘一些代表著作以飨读者。

① 竺可桢、宛敏渭的《物候学》,首次出版于 1963 年 8 月,由科学出版社出版。该书介绍了物候学的基本原理、定律、观测方法和观测记录等,利用若干年的物候观测记录制定自然历,指导农业生产,是一本传播科学知识又切合实用的优秀科普读物。1973 年修订再版,1980 年再次修订增补出版,1999 年 8 月由湖南教育出版社出版,2023 年 9 月由华东师范大学出版社再次出版,是一本了解中国和世界气候变迁与物候变化的好书。

② 竺可桢的《大自然的语言(中小学科普经典阅读书系)》,长江文艺出版社 2019 年出版。《大自然的语言》为竺可桢科普小品文集。

③ 宛敏渭的《怎样观测物候》,北京出版社 1964 年出版。

④ 宛敏渭、刘秀珍的《中国物候观测方法》,科学出版社 1979 年出版。

⑤ 宛敏渭、刘秀珍的《中国动植物物候图集》,气象出版社 1986 年出版。

⑥ 宛敏渭的《中国自然历选编》,科学出版社 1986 年出版。

⑦ 宛敏渭的《中国自然历续编》,科学出版社 1987 年出版。

⑧ 杨国栋、张明庆的《物候学基础》,首都师范大学出版社 2022 年出版。

⑨ 张福春的《中国农业物候图集》,科学出版社 1987 年出版。

此外还有董丽等著的《北京常见园林绿化树木物候手册》(中国建筑工业出版社,2021 年)、李学峰的物候作品《二十四节气与七十二物候(修订版)》(中国摄影出版社,2019 年)。《二十四节气与七十二物候(修订版)》从中国的历法源头说起,用作者的节气、物候数据及相关阐述科学表现了"历法之源"地的节气与物候景象,图解了中国古代专著《月令七十二候集解》等,具有很强的科学性和标准性。不仅如此,作者还将节气与物候文化以及与之相关的气象、农事、节日、诗歌、民俗等传统文化娓娓道来,极具科普特色。

(3)诗歌中的物候学:中国古诗歌中包容着极其丰富的物候知识。如"竹外桃花三两枝,春江水暖鸭先知。"(苏轼题惠崇《春江晚景》)早春天气,鸭子最先感知春江水暖,嬉戏水中。"天寒水鸟自相依,十百为群戏落晖。过尽行人都不起,忽闻冰响一齐飞。"(秦观《还自广陵》)晚冬时节,水鸟相依,一声冰响,群鸟惊飞。鸭子与小鸟同是春天的使者。"黄梅时节家家雨,青草池塘处处蛙。"(赵师秀《约客》)诗中出现的 3 种物象,表明了春末夏初梅子黄熟时的节令特点。黄巢《题菊花》说:"飒飒西风满院栽,蕊寒香冷蝶难来。"菊花凋零,蝴蝶敛迹,虽不着一"秋"字,秋令的阵阵凉意却扑面而来。李白的《塞下曲》,则把读者引向另一个世界:"五月天山雪,无花只有寒，笛中闻折柳，春色未曾看。”五月正值仲夏，在内地早已是百花凋谢之日，而地处西北边塞的天山(祁连山)仍旧积雪覆盖，无杨柳与花草，表明在黄河流域海拔超过 4000 m 的地方既无夏季又无春、秋的特点。由此不难看出内地跟塞外气候的差异之大。如范成大的《四时田园杂兴》:“蝴蝶双双入菜花，日长无客到田家。”这两句写江南晚春乡村的诗，借蝴蝶入菜花的描述衬托农夫农妇农事忙碌。再看文同的《早晴至报恩山寺》:“烟开远水双鸥落，日照高林一雉飞。大麦未收治圃晚，小蚕独卧斫桑稀。”前两句描绘了一幅远山高林、野鸟飞翔的生动画图；后两句写了春夏之交农夫农妇收麦、整菜、采桑、喂蚕，忙碌不停的情景，亲切动人。王维的《鸟鸣涧》:“人闲桂花落，夜静春山空。月出惊山鸟，时鸣春涧中。”描绘了春天桂花飘落的景象，虽然桂花在秋天开放，但这里描绘的是春景，体现了物候与季节的不一致性。王安石的《咏菊》中“西风昨夜过园林，吹落黄花满地金”描述了秋天菊花落瓣的景象，而苏东坡的续诗“秋花不比春花落，说与诗人仔细吟”则反映了诗人对物候现象的观察和思考。白居易的《大林寺桃花》中的“人间四月芳菲尽，山寺桃花始盛开”揭示了平原和山上的气候差异，以及这种差异如何影响植物的物候。陆游《初冬》中的“枫叶欲残看愈好，梅花未动意先香”，以及《鸟啼》中对鸟啼声与农时的关联的描述，展现了物候现象对农事活动的影响。

这些诗歌不仅展示了诗人对自然环境的敏锐观察和深刻理解，也反映了物候现象对人类生活的影响，从文学和科学的角度为我们提供了丰富的物候知识。

1.5.2.3 现代物候学的发展

中国现代物候学发展起始于 2002 年，葛全胜先生自筹经费使“中国科学院物候观测网”部分观测站点恢复工作，2011 年中国科学院正式批准恢复，中国物候观测网获得稳定支持，并开始使用自动观测技术，并于 2014 年上线中国物候观测网，直接推动了中国物候研究的发展。中国物候学在全球变化研究中，尤其是在全球生态学和陆地生态系统碳循环研究中发挥了巨大作用。

20 世纪 50 年代以来，由于各国物候观测网的扩大，物候资料更加丰富。更由于遥感技术和电子计算机等的应用，使物候学的研究在规律的探索和应用方面都得到了更大的发展。

(1)物候观测新技术:传统的实地观测法是通过对植物或动物在自然环境中的生长发育状态进行观察记录来确定其物候期。新技术的应用为传统物候观测带来活力。

卫星遥感法:利用卫星遥感技术获取植被指数等信息，结合实地观测数据进行分析推算。

自动拍照和数据网络传输:自动拍照和数据网络传输的新观测技术，使得物候观测数据的获取方式更加灵活多样。自动监测技术，为物候观测数据的获取带来了进展。

如植物生长节律在线物候自动观测，主要监测生物长期适应温度条件的周期性变化，形成与此相适应的生长发育节律，系统是由高像素摄像机、大容量数据采集器、多光谱成像仪为核心部件组成的系统。采用达到 500 万像素的网络相机来获取高质量图像数据，可自动获取、存储和传输植物多光谱和植物图像数据，自动入库管理，相机支持 TCP 协议，搭载无线路由器进行远程传输。

在北京颐和园内一套自行设计、专门针对植物物候的多光谱自动观测地面传感器安装调试投入使用，标志着中国物候观测网的数据来源不再是仅通过人工观测获得，也开始辅之以仪器自动监测。2020 年由中国科学院地理科学与资源研究所葛全胜研究员负责的“中国物候观测网自动物候监测系统研制”课题通过验收。项目研制的仪器系统为建立全国物候自动监测网络系统、衔接人工物候观测与卫星遥感物候观测、更精准研究植被物候变化的时空特征及机制提供了坚实的科技支撑。

目前,在大数据技术的支持下,物候观测技术在不断进步。图像监控采集系统、多光谱自动观测地面传感器、近地面遥感技术、卫星遥感技术、计算机制图等不断取得进展,大幅度提升了观测效率,并能在大尺度上把握物候的变化。

(2)全球气候变化的物候研究:由于全球气候变化,越来越多的生物将改变生活节奏,自然界原有的生态平衡将逐渐被打破。气候变化使动、植物生活习性发生改变,物候出现了变化。物候是季节节奏综合的体现,其变化特征反映了过去一段时间里气候条件的积累对植物生长发育的综合影响。因此,物候学的研究也是研究生态系统对气候变化响应最直接的方式。目前,由于全球变暖带来的气温、降水、光照等气候要素变化,对植物物候期已造成显著影响。

中国老一辈物候学家竺可桢、宛敏渭、刘秀珍、张福春等进行了物候观测方法、动植物物候图集、中国农业物候图集、中国自然物候历的研究。2002 年中国科学院物候观测网恢复以来,每年都进行一次中国物候网物候观测与学术研讨会,年轻一代研究员葛全胜、戴君虎、郑景云、刘浩龙等学者及各大专院校研究生对物候学进行了多方面的研究,将 2000 年后部分学者的研究成果归纳如下:

高校研究生论文中,陆佩玲(2006)、陈杉杉(2007)、刘淑兰(2010)、谢莹莹(2010)、王大川(2012)、陈静茹(2016)、徐佳(2019)、程婉莹(2020)等,从不同区域不同木本植物的不同生育期与历年气候资料进行统计分析,得出气候变化对生育期变化的影响。

物候研究者或物候爱好者的论文中,代武君等(2020)、葛全胜等(2003,2010)、范广洲等(2012a,2012b)、郑景云等(2002)、陈效逑(2000)、神祥金等(2012)的论文对物候学研究做出了很多积极贡献。张学霞等(2005)从植物物候对气候的响应研究主要集中在春、秋季物候和生长季对气候变化方面,采用历年物候期与历年气候因子统计分析,多数结论是春季气温升高,物候期提前,秋季物候期推迟。提前和推迟的天数各地不一,有 3～4 d,有 5～6 d。刘浩龙等(2017)利用杭州偏晚终雪记录,推断了南宋时期的气候。我国物候研究成果如满天星辰,璀璨夺目,本归纳仅是冰山一角。

1.6 物候学的研究意义

物候学在多个领域具有重要意义:

(1)农业方面:可编制自然历。以自然历预告农时指示和预报季节的早晚、作为指示播种和收获期及除草的指标、安排农事和作物区划、掌握放蜂放牧的季节、预报虫害的发生期、进行作物品种的生态分类、估计植物品种的种植季和推广范围。

(2)气候方面:用物候方法做小区域和山区的气候调查、研究历史时期气候变迁、用物候划分季节。作为气候变化影响的指示器。

(3)林业方面:据其掌握采种和造林季节、确定造林和采集树木种子的日期。

(4)地理学方面:用物候和植物作为自然区划或农业气候区划的指标或辅助指标。做自然地理区划时,也可以物候作依据。

(5)生态学方面:帮助理解生态系统的季节性变化。

(6)保护生物学方面:监测物种对环境变化的适应性。

(7)公共卫生方面:预测疾病媒介的季节性活动,如蚊虫的繁殖期。

参考文献

陈静茹,2016. 东北50种植物开花期对气候变化的响应[D]. 哈尔滨:东北林业大学.

陈杉杉,2007. 河南省气候变化及其与木本植物物候变化相互关系研究[D]. 南京:南京信息工程大学.

陈效逑,2000. 论树木物候生长季节与气候生长季节的关系——以德国中部Taunus山区为例[J]. 气象学报,58(6):726-737.

程婉莹,2020. 中国东部地区木本植物生长物候和繁殖物候的变化研究[D]. 上海:华东师范大学.

代武君,金慧颖,张玉红,等,2020. 植物物候学研究进展[J]. 生态学报,40(19):6705-6719.

范广洲,刘雅星,赖欣,2012a. 中国木本植物物候变化特征分析[J]. 气象科学,32(1):68-73.

范广洲,赖欣,刘雅星,2012b. 中国木本植物物候对气温变化的响应[J]. 高原山地气象研究,32(2):32-36.

葛全胜,郑景云,张学霞,等,2003. 过去40年中国气候与物候的变化研究[J]. 自然科学进展,13(10):1048-1053.

葛全胜,戴君虎,郑景云,2010. 物候学研究进展及中国现代物候学面临的挑战[J]. 中国科学院院刊,25(3):310-316.

郝宏飞,辜永强,郝宏蕾,2017. 喀什地区木本植物春季物候变化特征及其对气候变暖的响应[J]. 干旱区资源与环境,31(5):153-157.

雷俊,姚玉璧,孙润,等,2017. 黄土高原半干旱区物候变化特征及其对气候变暖的响应[J]. 中国农业气象,38(1):1-8.

刘浩龙,戴君虎,闫军辉,等,2017. 基于杭州偏晚终雪记录的南宋(1131—1270年)气候再推断[J]. 地理学报,72(3):382-396.

刘淑兰,2010. 浙江省自然物候与气候变化研究[D]. 乌鲁木齐:新疆农业大学.

陆佩玲,2006. 中国主要木本植物物候对气候变化的响应研究[D]. 北京:北京林业大学.

神祥金,吴正方,刘彩伶,等,2012. 长春市木本植物春季物候对气候变化的响应[J]. 中国农通报,28(1):112-117.

王大川,2012. 近30年呼和浩特市木本植物物候变化规律及对气候变化的响应研究[D]. 呼和浩特:内蒙古大学.

王晓荣,庞宏东,胡文杰,等,2020. 武汉城市森林常见木本植物物候研究——以九峰国家森林公园为例[J]. 中国农学通报,36(10):39-46.

谢莹莹,2010. 中国东部季风区主要木本植物萌动及展叶对温度变化的响应[D]. 北京:北京林业大学.

徐佳,2019. 气候变化对我国植被影响的观测证据集成分析[D]. 金华:浙江师范大学.

张学霞,葛全胜,郑景云,等,2005. 近150年北京春季物候对气候变化的响应[J]. 中国农业气象,26(3):63-67.

郑景云,葛全胜,郝志新,2002. 气候增暖对我国近40年植物物候变化的影响[J]. 科学通报,47(20):1582-1587.

2 物候期

2.1 物候观测站基本概况

南昌物候观测站位于长江中下游南岸，南昌北部江西农业大学校园内，地理位置为(28°46′N，115°50′E)，海拔 50 m(图 2.1)。观测地点集中且稳定，进行多年观测没有变动过。观测地点平坦开阔，具有代表性。

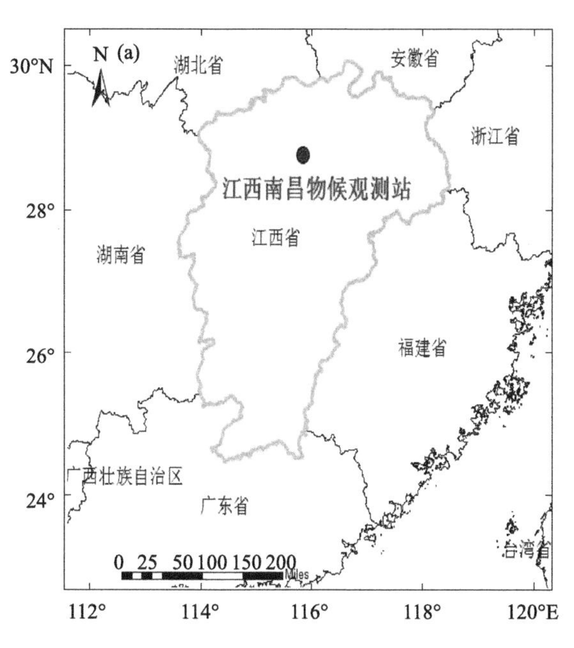

图 2.1 南昌物候观测站(a. 物候站位置；b. 物候站植被分布)

(图 2.1b 对应彩图见书后 170 页)

南昌属北亚热带季风气候区，气候温和，四季分明，冬、夏长，春、秋短。季节特点明显：春季温暖湿润，夏季炎热多雨，秋季凉爽干燥，冬季寒冷少雨。年平均太阳辐射总量 4500 MJ/m^2，历年平均日照时数 1772～1845 h，年平均气温 17.5 ℃，极端最高气温可达 40 ℃，极端最低气温低于－10 ℃，≥0 ℃积温 6256～6530 ℃・d，年平均降水量 1600～1800 mm。学校占地面积 1.6 万亩*，教学用地 3950 亩。环境优美，丰富的气候资源孕育了丰富的生物多样性，校园内有木本植物 88 科 247 属 412 种，为物候观测提供了优越的林木资源。

* 1 亩≈666.67 m^2。

2.2 物候观测项目

南昌物候站自20世纪60年代开始观测至今，从最早观测6种植物发展到现在乔灌木103种植物(其中落叶乔木36种、常绿乔木18种、常绿灌木16种、落叶灌木14种、果树7种、常绿针叶树10种、落叶针叶树2种)，动物6种，气象水文9种。乔灌木植物是当地常见、分布较广、对季节变化反应较明显、能代表江西乃至北亚热带的大部分树种。每种植物选3株5年以上树龄记载，统计平均数。

2.2.1 观测的物种

观测植物、动物及气象水文要素名称见表2.1。

表2.1 植物、动物及气象水文要素观测一览表

观测种类	名称	备注
乔木	鹅掌楸(*Liriodendron chinense*(Hemsl.)Sarg.)、加杨(*Populus*×*canadensis* Moench.)、复羽叶栾树(*Koelreuteria bipinnata* Franch.)、肥皂荚(*Gymnocladus chinensis* Baill.)、二球悬铃木(*Platanus*×*acerifolia*(Ait.)Willd.)、榔榆(*Ulmus parvifalia* Jacq.)、枫香(*Liquidembar formosana* Hance)、乌柏(*Sapium sebiferum*(L.)Roxb.)、梧桐(*Firmiana platanifolia*(L. f.)Marsili)、臭椿(*Ailanthus altissima*(Mill.)Swingle)、喜树(*Camptotheca acuminata* Decne.)、紫穗槐(*Amorpha fruticosa* L.)、白花泡桐(*Paulownia fortunei*(Seem.)Hemsl.)、苦楝(*Melia azedarach* L.)、构树(*Broussonetia papyrifera*(L.)L' Herit. ex Vent.)、蓝果树(*Nyssa sinensis* Oliv.)、白榆(*Ulmus Pumila* L.)、元宝槭(*Acer truncatum* Bunge)、梓树(*Catalpa ovata* G. Don.)、麻栎(*Quercus acutissima* Carr.)、毛红椿(*Toona Ciliata* Roem. var. pubescens(Franch.)Hand. —Mazz)、白玉兰(*Magnolia denudata* Desr.)、锥栗(*Castanea henryi*(Skan)Rehd. et Wils.)、小鸡爪槭(*Acer palmatum* var. thunbergii Pax)、龙爪槐(*Styphnolobium japonicum* 'Pendula')、垂柳(*Salix babylonica* L.)、湖北海棠(*Malus hupehensis*(Pamp.)Rehd.)、油桐(*Vernicia fordii*(Hemsl.)Airy Shaw)、枫杨(*Pterocarya stenoptera* C. DC.)、擦木(*Sassafras tsumu*(Hemsl.)Hemsl.)、合欢(*Albizia julibrissin* Durazz.)、香椿(*Toona sinensis*(A. Juss.)Roem.)、榉树(*Zelkova schneideriana* Hand. —Mazz.)、南酸枣(*Choerospondias axillaris*(Roxb)Burtt et Hill.)、黄檀(*Dalbergia hupeana* Hance)、板栗(*Castanea mollissima* Bl.)	落叶36种
	木荷(*Schima superba* Gardn. et Champ.)、珊瑚树(*Viburmum odoratissimum* Ker—Gawl.)、樟树(*Cinnamomum camphora*(L.)presl)、大叶樟(*Cinnamomum bodinieri* Levl.)、四川山矾(*Symplocos setchuensis* Brand)、苦槠(*Castanopsis sclerophylla*(Lindl.)Schott.)、乐昌含笑(*Michelia chapensis* Dandy)、女贞(*Ligustrum lucidum* Ait.)、阴香(*Cinnamomum burmanii*(C. G. & Th. Nees)Bl.)、山杜英(*Elaeocarpus Sylvestris*(Lour.)Poir.)、石栎(*Lithocarpus glaber*(Thunb.)Nakai)、广玉兰(*Magnolia grandifcora* L.)、醉香含笑(*Michelia macclurei* Dandy)、棕榈(*Trachycarpus fortunet*(Hook.)H. Wendl.)、巴东木莲(*Mang lietia patungensis* Hu)、红翅槭/罗浮槭(*Acer fabri* Hance)、深山含笑(*Michelia maudiae* Dunn)、冬青(*Ilex purpurea* Hassk.)	常绿18种

续表

观测种类	名称	备注
灌木	油茶(*Thea Oleosa* Lour. (*Camellia oleifera* Abel.))、海桐(*Pittosporum tobira*(Thunb.) Ait.)、大叶黄杨(*Euonymus japonicus* Thunb.)、石楠(*Photinia serrulata* Lindl.)、豪猪刺(*Berberis julianae* Schneid.)、桂花(*Osmanthus fragrans*(Thunb.) Lour.)、含笑(*Michelia figo*(Lour.) Spreng.)、湖北羊蹄甲(*Bauhinia glauca*(Wall. Ex Benth.) Benth. subsp. hupehana(Craib) T. Chen)、杜鹃(映山红)(*Rhododendron simsii* Planch.)、红花檵木(*Loropetalum chinense* Oliver var. rubrum Yieh)、夹竹桃(*Nerium indicum* Mill.)、栀子花(*Gardenia jasminoides* Ellis.)、丝兰(*Yucca smalliana* Fern.)、山茶花(*Camellia japonica* L.)、野迎春花/云南黄素馨/(*Jasminum mesnyi* Hance)、金丝桃(*Hypericum chinense* L.)	常绿 16 种
	紫薇(*Lagerstroemia indica* L.)、红叶李(*Prunus cerasifera* Ehrh. 'Pissardii')、二乔玉兰(*Magnolia soulangeana* Soul. －Bod)、羽毛枫(*Acer palmatum* cv. Dissectum)、蜡梅(*Chimonanthus praecox*(L.) Link)、紫荆(*Cercis chinensis* Bge.)、红叶碧桃(*Prunus persica*(L.) Batsch f. atropurpurea Schneid.)、木芙蓉(*Hibiscus mutabilis* L.)、木槿(*Hibiscus syriacus* L.)、木瓜(*Chaenomeles sinensis*(Thouin) Koehne)、丝棉木/白杜(*Euonymus maackii* Rupr.)、金钟花/(*Forsythia viridissima* Lindl.)、日本晚樱(*Prunus lannesiana* Wils.)、绣球(*Hydrangea macrophylla*(Thunb.) Ser.)	落叶 14 种
常绿针叶	柳杉(*Cryptomeria fortunei* Hooibrenk ex Otto et Dietr.)、日本柳杉(*Cryptomeria japonica*(Linn. f.) D. Don.)、湿地松(*Pinus elliottii* Engelm.)、火炬松(*Pinus taeda* L.)、杉木(*Cunninghamia lanceojata*(Lamb.) Hook.)、侧柏(*Platycladus orientalis*(L.) Franco)、圆柏(*Sabina hinensis*(L.) Ant.)、罗汉松(*Podocarpus macrophyllus*(Thunb.) D. Don.)、马尾松(*Pinus massonianalamb.*)、黑松(*Pinus thunbergii* Parl.)	10 种
落叶针叶	金钱松(*Pseudolarix kaempferi*(Lindl.) Gord.)、水杉(*Metasequoia glyptostroboides* Hu et cheng)	2 种
果树	石榴(*Punica granatum* L.)、枣(*Ziziphus jujuba* Mill.)、桃(*Prunus persica*(L.) Batsch.)、柿(*Diospyros kaki* Thunb)、杨梅(*Myrica rubra* Sieb. et Zucc.)、橘/柑橘(*Citrus reticulata* Blanco)、枇杷(*Eriobotrya japonica*(Thunb.) Lindl.)	7 种
动物	蜜蜂(*Apis cerana*)、沼蛙(*Hylarana guentheri* Boulenger)、大杜鹃(*Cuculus canorus*)、蚱蝉(*Cryptotympana pustulata* Fabricius)、蟋蟀(*Gryllus berthellus* Saussure)、蝴蝶(Butterfly)	6 种
气象水文	霜(Frost)、霜冻(Freeze injury)、雪(Snow)、结冰(Frazil)、雷(Thunder)、闪电(Lightning)、虹(Rainbow)、冰雹(Hail)、雾(Fog)	9 种

2.2.2 主要生育期观测

落叶乔灌木:芽开始膨大期、叶芽开放期、开始展叶期、展叶盛期、花序或花蕾出现期、开花始期、开花盛期、开花末期、第二次开花期、果实成熟期、果实脱落开始期、果实脱落末期、叶开始变色期、叶全部变色期、开始落叶期、落叶末期。

常绿乔灌木:芽开始膨大期、叶芽开放期、开始展叶期、展叶盛期、花序或花蕾出现期、开花始期、开花盛期、开花末期、第二次开花期、果实成熟期、果实脱落开始期、果实脱落末期。

果树:常绿果树物候期观测项目与常绿乔灌木相同,落叶果树物候期观测项目与落叶乔灌木相同。

常绿针叶植物:芽开始膨大期、叶芽开放期、开始展叶期、展叶盛期、花序或花蕾出现期、开花始期、开花盛期、开花末期、果实成熟期、果实脱落开始期、果实脱落末期。

落叶针叶植物:芽开始膨大期、叶芽开放期、开始展叶期、展叶盛期、花序或花蕾出现期、开花始期、开花盛期、开花末期、果实成熟期、果实脱落开始期、果实脱落末期、叶开始变色期、叶全部变色期、开始落叶期、落叶末期。

动物:主要观测始见、终见、始鸣、终鸣日期。

气象水文:观测始日和终日。

2.3 物候观测方法

春、夏季正是各种植物的萌发、展叶、开花繁殖时期,各种物候现象每天不同,固定专人春、夏季每天下午观测一次;秋季 2 d 观测一次,冬季 3 d 观测一次。各物候期的观测项目、记录方法按宛敏渭等(1979)所著《中国物候观测方法》的标准和要求进行。

2.4 物候期编制

“花木管时令,鸟鸣报农时。”这就是人们所说的物候。生物在进化过程中,由于长期适应周期变化的环境,形成与之相适应的生态和生理机能有规律性变化的习性(即生物的生命活动能随气候变化而变化)。人们可以通过其生命活动的动态变化来认识气候的变化,所以称为“生物气候学时期”,简称为“物候期”。

20 世纪 60 年代物候观测点设在江西农学院内(南昌莲塘镇),80 年代转移到现在的江西农业大学校园内,一直未再更改。1983—1985 年由周绍先和肖金香两位老师观测,纸质资料上报给中国科学院地理研究所,后来地理研究所出版了《自然物候历》一书,其中有南昌物候历一章由周绍先老师编写。80 年代后期停止了观测,周老师去世,资料下落不明,那时也没有保存电子版。2002 年由肖金香老师开始观测到 2018 年,再由冯敏玉高工接替观测至今。根据 2002—2023 年 22 a 的观测资料采用日序整理成平均日期、最早出现日期和最迟出现日期,具体见表 2.2 至表 2.8。

表 2.2 36 种落叶乔木物候期

植物名称/学名	芽膨大期	芽开放期	始展叶期	展叶盛期	花序或花蕾出现期	开花始期	开花盛期	开花末期	果实成熟期	果实脱落始期	果实脱落末期	叶开始变色期	叶全变色期	开始落叶期	落叶末期
鹅掌楸/*Liriodendron chinense*(Hemsl.) Sarg.															
最早出现日期	2月14日	2月20日	2月24日	3月15日	9月1日(上年)	3月25日	3月29日	5月4日	8月25日	8月28日	7月11日	5月22日	10月22日	5月5日	11月26日
最迟出现日期	3月23日	4月1日	4月4日	4月6日	4月9日	4月19日	4月21日	5月23日	11月17日	11月26日	11月20日	10月26日	11月30日	11月1日	12月21日
去掉最早和最迟的平均日期	3月9日	3月16日	3月24日	3月29日	3月11日	4月6日	4月10日	5月12日	10月9日	10月10日	9月25日	8月22日	11月13日	6月21日	12月10日
加杨/*Populus*×*canadensis* Moench.															
最早出现日期	3月3日	3月15日	3月21日	4月4日	3月14日	3月18日	3月21日	3月25日	4月13日	4月15日	6月13日	9月13日	10月29日	4月22日	11月12日
最迟出现日期	4月5日	4月8日	4月13日	4月18日	4月5日	4月13日	4月16日	4月20日	6月23日	6月26日	7月26日	12月1日	12月31日	10月25日	1月12日(来年)
去掉最早和最迟的平均日期	3月25日	3月31日	4月4日	4月9日	3月27日	4月1日	4月4日	4月9日	5月10日	5月8日	7月10日	10月13日	11月27日	5月27日	12月22日
复羽叶栾树 *Koelreuteria bipinnata* Franch.															
最早出现日期	3月17日	3月22日	3月24日	3月27日	5月5日	7月29日	8月16日	8月31日	9月20日	9月5日	3月19日	9月7日	11月22日	6月17日	11月26日
最迟出现日期	4月5日	4月8日	4月10日	4月17日	8月10日	8月30日	9月3日	9月18日	10月25日	11月20日	7月15日	11月28日	12月15日	11月20日	12月28日
去掉最早和最迟的平均日期	3月27日	3月31日	4月4日	4月9日	6月16日	8月12日	8月24日	9月10日	10月15日	9月21日	5月2日	11月3日	11月29日	9月29日	12月9日
肥皂荚/*Gymnocladus chinensis* Baill.															

续表

植物名称/学名	芽膨大期	芽开放期	始展叶期	展叶盛期	花序或花蕾出现期	开花始期	开花盛期	开花末期	果实成熟期	果实脱落始期	果实脱落末期	叶开始变色期	叶全变色期	开始落叶期	落叶末期
最早出现日期	2月22日	3月6日	3月23日	3月27日	3月11日	4月1日	4月3日	4月11日	10月30日	5月12日	4月21日	10月21日	11月17日	4月28日	12月5日
最迟出现日期	4月3日	4月6日	4月10日	4月16日	4月12日	4月16日	4月18日	4月29日	12月6日	10月27日	6月17日	11月27日	12月23日	11月8日	1月12日(来年)
去掉最早和最迟的平均日期	3月21日	3月26日	4月1日	4月7日	3月26日	4月9日	4月12日	4月21日	11月21日	7月10日	5月20日	11月10日	12月6日	7月2日	12月23日
二球悬铃木 *Platanus*× *acerifolia*(Ait.)Willd.															
最早出现日期	1月21日	3月5日	3月19日	3月23日	3月6日	3月14日	3月17日	3月27日	6月13日	8月2日	5月3日	8月14日	11月3日	5月4日	12月7日
最迟出现日期	3月26日	4月1日	4月3日	4月27日	4月2日	4月7日	4月9日	5月1日	11月28日	10月16	8月28日	11月5日	12月3日	11月20日	3月13日(来年)
去掉最早和最迟的平均日期	3月7日	3月22日	3月27日	4月1日	3月19日	3月27日	3月31日	4月7日	10月12日	9月17日	7月1日	10月10日	11月25日	8月26日	2月14日(来年)
榔榆/*Ulmus parvifalia* Jacq.															
最早出现日期	2月26日	3月4日	3月20日	3月23日	8月30日	9月6日	9月8日	9月10日	10月19日	9月16日	2月17日	10月13日	11月21日	4月18日	11月8日
最迟出现日期	4月3日	4月6日	4月9日	4月15日	10月15日	10月21日	10月25日	11月1日	11月29日	11月11日	4月14日	12月1日	12月16日	11月20日	1月12日(来年)
去掉最早和最迟的平均日期	3月20日	3月27日	3月31日	4月4日	9月15日	9月22日	9月25日	9月30日	11月17日	10月5日	3月18日	11月5日	12月2日	7月14日	12月17日
枫香/*Liquidembar formosana* Hance															
最早出现日期	2月4日	2月24日	2月25日	3月10日	2月24日	3月4日	3月7日	3月12日	8月15日	4月16日	3月11日	9月24日	10月27日	8月29日	11月12日

续表

植物名称/学名	芽膨大期	芽开放期	始展叶期	展叶盛期	花序或花蕾出现期	开花始期	开花盛期	开花末期	果实成熟期	果实脱落始期	果实脱落末期	叶开始变色期	叶全变色期	开始落叶期	落叶末期
最迟出现日期	3月26日	4月1日	4月2日	4月6日	4月1日	4月6日	4月8日	4月16日	11月27日	11月2日	9月21日	11月28日	12月28日	11月24日	1月11日（来年）
去掉最早和最迟的平均日期	3月6日	3月15日	3月17日	3月23日	3月12日	3月17日	3月21日	3月27日	10月22日	6月18日	6月1日	10月13日	11月24日	10月15日	12月16日
乌桕/*Sapium sebiferum*(L.)Roxb.															
最早出现日期	2月17日	2月26日	3月23日	3月26日	4月25日	5月25日	5月28日	6月7日	9月21日	9月24日	12月4日	10月1日	11月24日	5月4日	12月4日
最迟出现日期	4月6日	4月9日	4月14日	4月18日	5月12日	6月17日	6月21日	7月6日	11月7日	11月3日	2月9日（来年）	12月7日	12月19日	11月20日	1月6日
去掉最早和最迟的平均日期	3月25日	3月31日	4月5日	4月11日	5月5日	6月2日	6月6日	6月23日	10月15日	10月14日	1月11日（来年）	11月5日	12月10日	6月18日	12月19日
梧桐(*Firmiana platanifolia*(L. f.) Marsili)															
最早出现日期	3月8日	3月28日	4月2日	4月9日	5月1日	6月9日	6月13日	6月26日	2月9日	7月14日	10月30日	9月8日	10月23日	8月3日	11月29日
最迟出现日期	4月12日	4月16日	4月20日	4月24日	6月11日	6月23日	6月28日	7月13日	10月10日	10月6日	4月6日（来年）	11月7日	1月5日（来年）	12月21日	1月20日（来年）
去掉最早和最迟的平均日期	4月1日	4月8日	4月13日	4月17日	5月13日	6月13日	6月21日	7月3日	8月26日	8月17日	12月15日	10月21日	11月22日	9月23日	12月19日
臭椿/*Ailanthus altissima*(Mill.) Swingle															
最早出现日期	2月25日	3月15日	3月19日	3月23日	3月23日	4月27日	4月29日	5月6日	7月26日	6月3日	11月18日	8月14日	10月8日	5月2日	10月12日
最迟出现日期	3月31日	4月3日	4月6日	4月12日	4月21日	5月7日	5月12日	5月22日	9月5日	11月1日	7月15日	11月12日	11月23日	11月20日	12月16日

续表

植物名称/学名	芽膨大期	芽开放期	始展叶期	展叶盛期	花序或花蕾出现期	开花始期	开花盛期	开花末期	果实成熟期	果实脱落始期	果实脱落末期	叶开始变色期	叶全变色期	开始落叶期	落叶末期
去掉最早和最迟的平均日期	3月21日	3月25日	3月29日	4月1日	4月10日	5月3日	5月7日	5月15日	8月26日	7月7日	3月3日	10月7日	11月12日	6月24日	11月27日
喜树/*Camptotheca acuminata* Decne.															
最早出现日期	2月24日	2月27日	3月6日	3月15日	5月2日	6月23日	6月27日	7月11日	10月30日	7月14日	1月12日	9月29日	12月13日	5月1日	12月25日
最迟出现日期	3月29日	4月2日	4月6日	4月12日	5月12日	7月6日	7月12日	7月22日	12月9日	11月30日	4月26日	12月21日	1月9日(来年)	7月1日	2月4日(来年)
去掉最早和最迟的平均日期	3月13日	3月20日	3月25日	4月1日	5月7日	6月30日	7月6日	7月18日	11月19日	8月19日	4月3日	11月23日	12月26日	6月26日	1月10日(来年)
紫穗槐/*Amorpha fruticosa* L.															
最早出现日期	3月6日	3月11日	3月14日	3月18日	3月20日	4月8日	4月10日	4月19日	6月14日	5月30日	9月14日	7月3日	10月9日	5月10日	11月29日
最迟出现日期	4月4日	4月6日	4月10日	4月13日	4月11日	4月20日	4月23日	5月5日	10月27日	11月3日	12月30日	11月26日	12月23日	11月23日	1月6日(来年)
去掉最早和最迟的平均日期	3月22日	3月26日	3月30日	4月3日	3月30日	4月16日	4月18日	4月27日	7月13日	8月23日	11月17日	10月30日	12月1日	6月27日	12月21日
白花泡桐/*Paulownia fortunei*(Seem.)Hemsl.															
最早出现日期	3月11日	3月16日	3月20日	3月22日	7月3日	3月2日	3月14日	4月5日	5月29日	4月24日	6月6日	9月29日	10月25日	4月29日	12月12日
最迟出现日期	4月13日	4月14日	4月16日	4月21日	9月2日	4月2日	4月4日	4月30日	12月22日	8月5日	7月18日	12月20日	12月29日	10月12日	1月10日(来年)
去掉最早和最迟的平均日期	3月30日	4月3日	4月8日	4月14日	8月6日	3月19日	3月28日	4月19日	11月16日	6月1日	6月27日	11月15日	12月6日	5月15日	12月22日

续表

植物名称/学名	芽膨大期	芽开放期	始展叶期	展叶盛期	花序或花蕾出现期	开花始期	开花盛期	开花末期	果实成熟期	果实脱落始期	果实脱落末期	叶开始变色期	叶全变色期	开始落叶期	落叶末期
苦楝/*Melia azedarach* L.															
最早出现日期	2月19日	2月22日	3月24日	3月26日	3月26日	4月7日	4月10日	4月2日	10月7日	5月3日	1月21日	9月26日	6月13日	5月12日	11月18日
最迟出现日期	4月7日	4月11日	4月21日	4月24日	5月28日	5月11日	5月7日	5月23日	12月27日	10月30日	5月2日	11月21日	12月9日	12月7日	12月24日
去掉最早和最迟的平均日期	3月27日	4月2日	4月7日	4月12日	4月10日	4月25日	4月28日	5月11日	11月27日	8月2日	4月11日	11月3日	11月24日	8月10日	12月9日
构树/*Broussonetia papyrifera*(L.) L' Herit. ex Vent.															
最早出现日期	2月18日	2月22日	3月20日	3月25日	2月22日	3月23日	3月29日	4月11日	7月11日	6月19日	9月23日	9月10日	11月27日	5月3日	11月24日
最迟出现日期	3月30日	4月3日	4月10日	4月16日	4月10日	4月19日	4月24日	4月30日	9月10日	8月25日	12月10日	12月18日	12月28日	12月10日	1月9日(来年)
去掉最早和最迟的平均日期	3月19日	3月26日	4月1日	4月7日	3月20日	4月6日	4月10日	4月23日	8月3日	7月15日	10月26日	11月15日	12月11日	6月11日	12月28日
蓝果树/*Nyssa sinensis* Oliv.															
最早出现日期	2月22日	3月3日	3月22日	3月26日	3月22日	3月31日	4月3日	3月5日	/	/	/	9月7日	10月11日	6月7日	11月18日
最迟出现日期	4月1日	4月5日	4月8日	4月10日	4月11日	4月22日	4月24日	4月28日	/	/	/	11月9日	12月16日	11月23日	12月28日
去掉最早和最迟的平均日期	3月20日	3月29日	4月2日	4月5日	3月30日	4月13日	4月16日	4月22日	/	/	/	10月9日	11月17日	8月30日	12月11日
白榆/*Ulmus Pumila* L.															
最早出现日期	1月27日	3月4日	3月8日	3月17日	2月5日	2月9日	2月13日	2月18日	4月6日	3月2日	4月16日	10月27日	11月29日	4月18日	12月19日
最迟出现日期	3月31日	4月3日	4月6日	4月10日	3月28日	3月31日	3月30日	4月16日	4月24日	6月12日	7月8日	12月13日	12月28日	12月18日	1月16日(来年)

续表

植物名称/学名	芽膨大期	芽开放期	始展叶期	展叶盛期	花序或花蕾出现期	开花始期	开花盛期	开花末期	果实成熟期	果实脱落始期	果实脱落末期	叶开始变色期	叶全变色期	开始落叶期	落叶末期
去掉最早和最迟的平均日期	3月17日	3月23日	3月27日	4月1日	3月2日	3月9日	3月10日	3月20日	4月17日	3月29日	4月28日	11月19日	12月13日	7月12日	12月31日
元宝槭/*Acer truncatum* Bunge															
最早出现日期	2月6日	2月8日	3月13日	3月18日	2月24日	3月2日	3月15日	3月26日	8月4日	4月23日	10月8日	10月26日	11月11日	4月26日	11月24日
最迟出现日期	3月27日	3月31日	4月3日	4月7日	3月28日	3月31日	4月6日	4月16日	10月28日	10月15日	3月9日（来年）	11月21日	12月1日	11月23日	1月27日（来年）
去掉最早和最迟的平均日期	3月13日	3月21日	3月25日	3月30日	3月15日	3月20日	3月26日	4月7日	9月25日	6月22日	12月7日	11月12日	11月24日	8月12日	12月13日
梓树/*Catalpa ovata* G. Don.															
最早出现日期	3月2日	3月27日	3月30日	4月2日	4月12日	4月29日	5月2日	5月22日	7月26日	7月29日	9月19日	8月31日	9月29日	5月3日	9月12日
最迟出现日期	4月6日	4月9日	4月17日	4月23日	5月4日	5月30日	6月4日	6月30日	11月14日	10月24日	11月9日	12月10日	12月21日	12月6日	1月12日（来年）
去掉最早和最迟的平均日期	3月27日	4月1日	4月5日	4月10日	4月22日	5月9日	5月15日	6月4日	10月16日	10月14日	10月19日	10月13日	11月22日	8月13日	12月18日
麻栎/*Quercus acutissima* Carr.															
最早出现日期	1月15日	2月20日	2月22日	2月26日	2月1日	2月23日	3月2日	3月6日	8月29日	6月16日	10月18日	10月26日	12月4日	4月17日	12月18日
最迟出现日期	3月27日	3月30日	3月31日	4月6日	3月23日	4月3日	4月4日	4月10日	10月26日	10月30日	11月3日	11月23日	12月21日	12月1日	2月28日（来年）
去掉最早和最迟的平均日期	2月27日	3月8日	3月13日	3月17日	2月26日	3月13日	3月17日	3月24日	10月3日	9月2日	10月25日	11月9日	12月13日	7月16日	1月5日

续表

植物名称/学名	芽膨大期	芽开放期	始展叶期	展叶盛期	花序或花蕾出现期	开花始期	开花盛期	开花末期	果实成熟期	果实脱落始期	果实脱落末期	叶开始变色期	叶全变色期	开始落叶期	落叶末期
毛红椿/*Toona Ciliata* Roem. var. pubescens (Franch.) Hand. －Mazz															
最早出现日期	2月24日	3月9日	3月12日	3月18日	3月26日	5月7日	5月10日	5月13日	7月24日	6月17日	1月11日	10月1日	11月8日	5月3日	11月13日
最迟出现日期	3月31日	4月3日	4月6日	4月10日	4月29日	6月4日	6月10日	6月18日	11月1日	11月10日	5月8日	11月29日	12月7日	11月20日	12月25日
去掉最早和最迟的平均日期	3月16日	3月21日	3月25日	3月30日	4月20日	5月21日	5月28日	6月5日	9月29日	9月5日	3月17日	10月26日	11月19日	8月29日	12月6日
白玉兰/*Magnolia denudata* Desr.															
最早出现日期	2月6日	2月22日	2月24日	2月26日	5月10日	2月2日	2月14日	2月25日	7月30日	7月31日	9月25日	9月7日	10月16日	6月3日	11月27日
最迟出现日期	3月21日	4月1日	4月3日	4月7日	9月30日	3月23日	3月26日	4月3日	9月21日	12月10日	11月17日	11月2日	12月5日	11月10日	12月31日
去掉最早和最迟的平均日期	3月10日	3月17日	3月20日	3月26日	6月2日	2月21日	3月2日	3月16日	9月7日	9月13日	10月19日	10月14日	11月19日	9月2日	12月11日
锥栗/*Castanea henryi* (Skan)Rehd. et Wils.															
最早出现日期	2月22日	3月17日	3月19日	3月22日	3月21日	4月20日	4月23日	5月3日	9月5日	6月28日	3月21日	10月10日	10月31日	7月28日	12月10日
最迟出现日期	3月30日	4月1日	4月3日	4月25日	4月15日	5月1日	5月4日	5月20日	10月27日	9月2日	11月28日	11月20日	12月13日	11月25日	1月6日（来年）
去掉最早和最迟的平均日期	3月19日	3月25日	3月28日	4月1日	4月2日	4月28日	5月1日	5月10日	10月5日	7月29日	10月29日	11月4日	11月26日	9月30日	12月20日
小鸡爪槭/*Acer palmatum* var. thunbergii Pax															
最早出现日期	2月6日	2月24日	2月28日	3月1日	2月24日	3月1日	3月6日	3月17日	8月31日	3月8日	12月23日	9月4日	11月24日	4月6日	12月8日

续表

植物名称/学名	芽膨大期	芽开放期	始展叶期	展叶盛期	花序或花蕾出现期	开花始期	开花盛期	开花末期	果实成熟期	果实脱落始期	果实脱落末期	叶开始变色期	叶全变色期	开始落叶期	落叶末期
最迟出现日期	3月18日	3月25日	3月27日	3月31日	3月25日	3月31日	4月4日	4月12日	11月24日	12月1日	3月13日（来年）	11月27日	12月13日	12月2日	3月13日（来年）
去掉最早和最迟的平均日期	3月2日	3月9日	3月13日	3月17日	3月10日	3月19日	3月23日	4月2日	11月2日	6月30日	2月13日（来年）	11月16日	12月2日	9月8日	1月14日（来年）
龙爪槐/*Styphnolobium japonicum* Pendula															
最早出现日期	2月26日	3月27日	3月29日	4月6日	4月10日	4月24日	7月10日	8月11日	9月15日	8月2日	10月23日	11月10日	12月3日	4月29日	12月15日
最迟出现日期	4月17日	4月20日	4月23日	4月27日	6月19日	7月26日	9月2日	12月27日	12月9日	11月18日	9月21日（来年）	12月18日	1月6日（来年）	12月25日	2月9日（来年）
去掉最早和最迟的平均日期	4月1日	4月5日	4月8日	4月14日	5月30日	7月11日	7月27日	9月23日	11月18日	9月17日	4月5日	11月28日	12月21日	8月3日	1月5日（来年）
垂柳/*Salix babylonica* L.															
最早出现日期	1月30日	2月6日	2月12日	2月14日	2月7日	2月20日	2月24日	3月8日	4月5日	3月31日	4月6日	10月18日	12月4日	3月26日	1月3日
最迟出现日期	3月7日	3月23日	3月24日	4月5日	3月12日	3月23日	3月31日	4月4日	4月9日	4月13日	4月22日	12月21日	1月9日（来年）	12月24日	1月30日
去掉最早和最迟的平均日期	2月17日	2月24日	3月5日	3月12日	2月22日	3月7日	3月11日	3月20日	4月8日	4月9日	4月17日	11月20日	12月25日	6月3日	1月14日
湖北海棠/*Malus hupehensis* (Pamp.) Rehd.															
最早出现日期	1月26日	2月6日	2月13日	2月17日	2月4日	2月25日	3月3日	3月18日	9月13日	5月26日	12月25日	9月6日	10月28日	8月3日	10月12日
最迟出现日期	3月1日	3月13日	3月18日	3月23日	3月7日	3月30日	4月3日	4月8日	11月24日	11月10日	4月1日（来年）	11月26日	12月9日	11月6日	12月20日

续表

植物名称/学名	芽膨大期	芽开放期	始展叶期	展叶盛期	花序或花蕾出现期	开花始期	开花盛期	开花末期	果实成熟期	果实脱落始期	果实脱落末期	叶开始变色期	叶全变色期	开始落叶期	落叶末期
去掉最早和最迟的平均日期	2月12日	2月21日	2月27日	3月6日	2月20日	3月13日	3月17日	3月26日	10月23日	10月3日	2月2日（来年）	10月13日	11月20日	9月17日	12月3日
油桐/*Vernicia fordii* (Hemsl.) Airy Shaw															
最早出现日期	2月20日	2月27日	3月20日	3月23日	3月15日	3月26日	3月30日	4月12日	9月11日	10月1日	2月28日	10月23日	11月8日	9月28日	12月7日
最迟出现日期	3月21日	3月31日	4月6日	4月26日	3月28日	4月9日	4月12日	4月22日	11月30日	11月13日	11月21日	11月28日	12月29日	12月3日	1月1日（来年）
去掉最早和最迟的平均日期	3月8日	3月23日	3月29日	4月3日	3月24日	4月3日	4月5日	4月17日	10月25日	10月23日	8月27日	11月14日	12月6日	10月31日	12月24日
枫杨/*Pterocarya stenoptera* C. DC.															
最早出现日期	2月1日	2月16日	2月25日	3月1日	2月27日	3月4日	2月26日	3月21日	4月12日	4月11日	9月20日	9月9日	11月26日	4月27日	12月10日
最迟出现日期	3月23日	3月25日	3月27日	3月31日	3月26日	4月7日	4月10日	4月17日	8月31日	8月4日	3月9日（来年）	12月8日	12月31日	12月1日	1月8日（来年）
去掉最早和最迟的平均日期	2月28日	3月5日	3月9日	3月13日	3月11日	3月23日	3月26日	4月6日	8月7日	5月13日	1月10日（来年）	11月14日	12月17日	7月8日	12月30日
檫木/*Sassafras tsumu* (Hemsl.) Hemsl.															
最早出现日期	2月22日	2月28日	3月6日	3月13日	1月9日	1月30日	2月4日	2月25日	6月10日	4月4日	7月12日	8月10日	10月8日	5月17日	11月6日
最迟出现日期	3月17日	3月28日	4月2日	4月22日	1月26日	2月27日	3月9日	3月31日	7月12日	8月7日	8月20日	11月19日	11月22日	11月20日	12月9日
去掉最早和最迟的平均日期	3月9日	3月18日	3月24日	3月30日	1月21日	2月5日	2月15日	3月10日	6月26日	6月6日	7月22日	10月1日	11月8日	9月6日	11月28日
香椿/*Toona sinensis* (A. Juss.) Roem.															

续表

植物名称/学名	芽膨大期	芽开放期	始展叶期	展叶盛期	花序或花蕾出现期	开花始期	开花盛期	开花末期	果实成熟期	果实脱落始期	果实脱落末期	叶开始变色期	叶全变色期	开始落叶期	落叶末期
最早出现日期	3月8日	3月19日	3月22日	3月25日	4月10日	5月13日	5月18日	6月9日	/	/	/	10月1日	11月15日	5月9日	12月17日
最迟出现日期	4月3日	4月10日	4月14日	4月18日	5月20日	5月24日	5月30日	6月12日	/	/	/	11月29日	12月15日	1月2日（来年）	1月12日
去掉最早和最迟的平均日期	3月24日	3月29日	4月2日	4月5日	4月16日	5月23日	5月26日	6月11日	/	/	/	11月11日	12月10日	8月12日	12月28日
合欢/*Albizia julibrissin* Durazz.															
最早出现日期	3月10日	3月13日	3月18日	3月28日	4月3日	4月5日	4月7日	5月5日	5月28日	6月23日	3月20日	9月8日	9月19日	4月22日	11月25日
最迟出现日期	4月9日	4月12日	4月24日	4月27日	5月3日	5月26日	6月24日	10月30日	11月15日	9月20日	7月18日	12月12日	1月3日（来年）	11月23日	2月1日（来年）
去掉最早和最迟的平均日期	3月30日	4月5日	4月12日	4月17日	4月21日	5月18日	5月26日	9月5日	9月4日	7月29日	6月29日	11月16日	12月11日	6月29日	12月26日
榉树/*Zelkova schneideriana* Hand. －Mazz.															
最早出现日期	2月28日	3月8日	3月13日	3月20日	3月11日	3月24日	3月26日	3月29日	8月29日	7月4日	10月24日	5月31日	9月8日	5月17日	11月28日
最迟出现日期	4月1日	4月2日	4月13日	4月17日	4月27日	5月2日	5月8日	6月30日	11月11日	10月12日	3月24日	10月26日	12月7日	11月6日	3月14日（来年）
去掉最早和最迟的平均日期	3月17日	3月22日	3月26日	3月31日	3月29日	4月2日	4月5日	4月9日	10月16日	8月23日	12月8日	9月15日	10月22日	8月15日	12月19日
南酸枣/*Choerospondias axillaris* (Roxb)Burtt et Hill.															
最早出现日期	2月23日	3月4日	3月11日	4月1日	3月8日	4月2日	4月7日	4月22日	/	/	/	10月20日	11月24日	5月15日	12月15日

续表

植物名称/学名	芽膨大期	芽开放期	始展叶期	展叶盛期	花序或花蕾出现期	开花始期	开花盛期	开花末期	果实成熟期	果实脱落始期	果实脱落末期	叶开始变色期	叶全变色期	开始落叶期	落叶末期
最迟出现日期	3月27日	4月1日	4月20日	4月25日	4月3日	4月26日	4月28日	5月11日	/	/	/	11月24日	12月18日	10月23日	1月4日（来年）
去掉最早和最迟的平均日期	3月14日	3月21日	3月26日	4月5日	3月20日	4月8日	4月16日	4月29日	/	/	/	11月8日	12月7日	7月18日	12月21日
黄檀/*Dalbergia hupeana* Hance															
最早出现日期	3月29日	3月31日	4月1日	4月3日	5月15日	5月26日	5月30日	6月4日	10月20日	6月17日	2月27日	9月1日	10月28日	5月27日	11月25日
最迟出现日期	5月4日	5月8日	5月13日	5月15日	5月20日	6月7日	6月10日	6月25日	11月22日	11月10日	7月6日	11月16日	12月16日	11月21日	12月24日
去掉最早和最迟的平均日期	4月13日	4月19日	4月23日	4月26日	5月18日	6月2日	6月6日	6月18日	10月31日	7月15日	4月3日	10月20日	11月26日	9月12日	12月12日
板栗/*Castanea mollissima* Bl.															
最早出现日期	3月9日	3月22日	3月25日	3月29日	4月9日	5月10日	5月13日	5月26日	6月11日	8月25日	9月23日	9月24日	10月28日	7月11日	11月12日
最迟出现日期	4月5日	4月11日	4月13日	4月16日	4月26日	5月21日	5月27日	6月15日	10月5日	10月10日	12月17日	10月27日	11月16日	10月31日	12月23日
去掉最早和最迟的平均日期	3月28日	4月4日	4月7日	4月10日	4月17日	5月17日	5月20日	6月6日	9月23日	9月16日	10月28日	10月18日	11月3日	9月22日	11月28日

表 2.3 18种常绿乔木物候期

植物名称/学名	芽膨大期	芽开放期	始展叶期	展叶盛期	花序或花蕾出现期	开花始期	开花盛期	开花末期	果实成熟期	果实脱落始期	果实脱落末期
木荷/*Schima superba* Gardn. et Champ.											
最早出现日期	2月25日	3月9日	3月10日	3月13日	3月16日	5月3日	5月21日	6月3日	10月10日	8月26日	1月17日
最迟出现日期	3月25日	3月30日	4月1日	4月4日	4月23日	5月30日	6月4日	6月23日	12月22日	3月27日（来年）	5月29日

续表

植物名称/学名	芽膨大期	芽开放期	始展叶期	展叶盛期	花序或花蕾出现期	开花始期	开花盛期	开花末期	果实成熟期	果实脱落始期	果实脱落末期
去掉最早和最迟的平均日期	3月7日	3月20日	3月23日	3月27日	4月13日	5月26日	5月30日	6月13日	11月15日	10月19日	4月17日
珊瑚树/*Viburmum odoratissimum* Ker—Gawl.											
最早出现日期	2月1日	2月3日	3月1日	3月12日	3月1日	3月14日	5月15日	5月22日	5月31日	6月22日	8月18日
最迟出现日期	5月4日	3月22日	3月27日	3月30日	4月1日	5月26日	5月30日	6月6日	8月23日	8月14日	10月30日
去掉最早和最迟的平均日期	2月20日	3月4日	3月15日	3月23日	3月22日	5月19日	5月23日	6月1日	7月16日	7月5日	9月18日
樟树/*Cinnamomum camphora*(L.)presl											
最早出现日期	1月28日	2月23日	2月27日	3月3日	3月3日	4月5日	4月15日	4月28日	10月3日	5月27日	12月20日
最迟出现日期	3月14日	4月3日	4月5日	4月10日	4月7日	4月25日	5月3日	5月30日	11月21日	10月4日	3月8日（来年）
去掉最早和最迟的平均日期	3月1日	3月17日	3月20日	3月22日	3月17日	4月17日	4月22日	5月4日	10月31日	7月25日	1月24日
大叶樟/*Cinnamomum bodinieri* Levl.											
最早出现日期	2月10日	3月15日	3月20日	3月24日	3月20日	4月11日	2月27日	5月2日	8月11日	6月10日	8月30日
最迟出现日期	3月30日	4月6日	4月9日	4月13日	4月7日	5月5日	5月9日	5月23日	11月6日	9月8日	1月5日（来年）
去掉最早和最迟的平均日期	3月12日	3月29日	4月2日	4月6日	3月31日	4月19日	4月29日	5月14日	9月27日	7月8日	10月8日
四川山矾/*Symplocos setchuensis* Brand											
最早出现日期	2月27日	3月9日	3月14日	3月17日	9月1日	11月3日	11月18日	2月8日	6月16日	4月29日	10月1日
最迟出现日期	3月27日	3月31日	4月3日	4月9日	10月29日	2月7日（来年）	2月17日（来年）	4月4日	12月10日	11月5日	12月12日

续表

植物名称/学名	芽膨大期	芽开放期	始展叶期	展叶盛期	花序或花蕾出现期	开花始期	开花盛期	开花末期	果实成熟期	果实脱落始期	果实脱落末期
去掉最早和最迟的平均日期	3月14日	3月22日	3月26日	3月31日	9月19日	12月13日	1月22日	3月2日	9月24日	9月4日	10月23日
苦槠/*Castanopsis sclerophylla*(Lindl.)Schott.											
最早出现日期	2月1日	2月22日	3月6日	3月10日	2月19日	3月27日	4月2日	4月16日	10月1日	9月13日	11月3日
最迟出现日期	4月3日	4月6日	4月7日	4月9日	4月8日	4月17日	4月20日	4月29日	11月17日	11月8日	12月30日
去掉最早和最迟的平均日期	3月11日	3月21日	3月28日	4月1日	3月20日	4月12日	4月14日	4月22日	11月6日	10月27日	11月24日
乐昌含笑/*Michelia chapensis* Dandy											
最早出现日期	1月10日	1月17日	2月20日	3月3日	7月23日	2月20日	2月26日	3月23日	9月29日	6月20日	10月24日
最迟出现日期	3月20日	4月1日	4月3日	4月6日	2月26日（来年）	4月3日	4月9日	4月21日	11月17日	10月18日	1月9日（来年）
去掉最早和最迟的平均日期	3月4日	3月15日	3月19日	3月24日	11月17日	3月15日	3月20日	4月9日	10月22日	9月23日	11月11日
女贞/*Ligustrum lucidum* Ait.											
最早出现日期	2月20日	2月22日	3月9日	3月18日	3月22日	5月19日	5月23日	6月4日	11月2日	7月3日	1月4日
最迟出现日期	3月30日	4月7日	4月9日	4月13日	5月2日	6月2日	6月8日	6月25日	12月1日	11月22日	3月1日
去掉最早和最迟的平均日期	3月19日	3月25日	3月30日	4月4日	4月19日	5月27日	6月3日	6月17日	11月18日	8月11日	1月29日
阴香/*Cinnamomum burmanii* (C. G. & Th. Nees)Bl.											
最早出现日期	1月30日	2月14日	2月22日	2月24日	2月8日	4月9日	4月13日	4月26日	11月1日	5月21日	12月14日
最迟出现日期	4月3日	4月11日	4月21日	4月25日	4月14日	4月30日	5月6日	5月14日	2月11日（来年）	12月26日	5月16日（来年）
去掉最早和最迟的平均日期	2月27日	3月14日	3月21日	3月26日	3月9日	4月21日	4月26日	5月6日	12月19日	10月4日	2月26日（来年）

续表

植物名称/学名	芽膨大期	芽开放期	始展叶期	展叶盛期	花序或花蕾出现期	开花始期	开花盛期	开花末期	果实成熟期	果实脱落始期	果实脱落末期
山杜英/*Elaeocarpus Sylvestris*(Lour.)Poir.											
最早出现日期	2月10日	2月22日	2月25日	3月3日	4月15日	6月19日	6月23日	7月6日	10月4日	7月24日	11月8日
最迟出现日期	3月26日	3月27日	4月6日	4月9日	12月5日	7月4日	7月9日	7月25日	11月18日	11月19日	12月21日
去掉最早和最迟的平均日期	3月6日	3月13日	3月21日	3月27日	5月6日	6月27日	7月3日	7月19日	10月30日	8月28日	11月30日
石栎/*Lithocarpus glaber*(Thunb.)Nakai											
最早出现日期	1月30日	3月11日	3月29日	5月3日	6月1日	8月14日	8月20日	9月5日	9月29日	8月26日	11月2日
最迟出现日期	4月23日	5月9日	5月12日	5月22日	9月26日	10月5日	10月9日	10月29日	11月24日	11月10日	12月25日
去掉最早和最迟的平均日期	4月3日	4月25日	5月5日	5月10日	7月22日	9月3日	9月9日	10月3日	11月5日	10月7日	11月30日
广玉兰/*Magnolia grandifcora* L.											
最早出现日期	2月19日	4月10日	4月20日	5月3日	7月10日	5月2日	5月4日	6月18日	9月8日	6月18日	10月2日
最迟出现日期	4月24日	5月3日	5月6日	5月14日	4月30日	5月16日	5月28日	7月7日	10月8日	10月27日	11月26日
去掉最早和最迟的平均日期	4月6日	4月23日	4月30日	5月7日	3月5日	5月10日	5月16日	6月26日	9月20日	9月16日	10月21日
醉香含笑/*Michelia macclurei* Dandy											
最早出现日期	2月23日	3月11日	3月22日	3月24日	6月4日	2月13日	2月16日	3月26日	9月15日	9月20日	10月3日
最迟出现日期	4月7日	4月13日	4月21日	4月25日	2月8日(来年)	3月28日	4月4日	4月22日	1月21日(来年)	1月11日(来年)	4月24日(来年)
去掉最早和最迟的平均日期	3月21日	4月1日	4月7日	4月14日	12月12日	2月27日	3月8日	4月3日	11月26日	11月13日	1月8日(来年)
棕榈/*Trachycarpus fortunet*(Hook.)H. Wendl.											

续表

植物名称/学名	芽膨大期	芽开放期	始展叶期	展叶盛期	花序或花蕾出现期	开花始期	开花盛期	开花末期	果实成熟期	果实脱落始期	果实脱落末期
最早出现日期	2月16日	3月13日	4月12日	4月20日	2月5日	2月25日	3月6日	4月10日	7月18日	5月24日	3月17日
最迟出现日期	3月20日	4月3日	4月13日	4月21日	4月7日	4月16日	4月30日	5月4日	11月19日	10月23日	11月27日
去掉最早和最迟的平均日期	3月6日	3月23日	4月12日	4月20日	3月17日	4月3日	4月9日	4月19日	10月21日	8月10日	6月11日
巴东木莲/*Mang lietia patungensis* Hu											
最早出现日期	2月7日	4月2日	4月6日	4月10日	2月15日	5月7日	5月10日	5月31日	9月9日	9月19日	10月7日
最迟出现日期	4月10日	4月23日	4月28日	5月2日	4月30日	5月20日	5月29日	6月17日	10月30日	10月14日	12月16日
去掉最早和最迟的平均日期	3月27日	4月13日	4月15日	4月19日	4月15日	5月13日	5月18日	6月6日	9月30日	10月2日	10月26日
红翅槭(罗浮槭)/*Acer fabri* Hance											
最早出现日期	12月11日	2月22日	2月26日	3月1日	2月1日	2月25日	3月4日	3月27日	8月31日	5月18日	11月13日
最迟出现日期	3月15日(来年)	3月20日	3月26日	3月29日	3月18日	3月30日	4月1日	4月16日	12月11日	11月11日	2月22日(来年)
去掉最早和最迟的平均日期	2月20日(来年)	3月7日	3月10日	3月14日	3月2日	3月10日	3月16日	4月7日	10月23日	9月9日	12月29日
深山含笑/*Michelia maudiae* Dunn											
最早出现日期	2月22日	3月10日	4月10日	4月15日	5月11日	2月10日	2月15日	3月18日	10月24日	10月18日	11月8日
最迟出现日期	4月12日	4月24日	4月26日	4月29日	8月17日	3月20日	3月23日	4月10日	11月22日	11月16日	12月26日
去掉最早和最迟的平均日期	3月24日	4月13日	4月17日	4月24日	7月19日	2月26日	3月4日	3月26日	11月3日	11月2日	11月26日
冬青/*Ilex purpurea* Hassk.											
最早出现日期	2月6日	2月22日	3月13日	3月18日	3月16日	4月28日	5月1日	5月11日	/	/	/
最迟出现日期	3月19日	4月1日	4月6日	4月10日	4月10日	5月9日	5月14日	5月24日	/	/	/
去掉最早和最迟的平均日期	3月4日	3月17日	3月28日	4月2日	4月2日	5月4日	5月7日	5月18日	/	/	/

表 2.4　16 种常绿灌木物候期

植物名称/学名	芽膨大期	芽开放期	始展叶期	展叶盛期	花序或花蕾出现期	开花始期	开花盛期	开花末期	果实成熟期	果实脱落始期	果实脱落末期
油茶/*Thea Oleosa* Lour. (Camellia oleifera Abel.)											
最早出现日期	1月14日	3月4日	3月14日	3月17日	3月9日	10月7日	10月19日	10月27日	10月3日	8月30日	11月4日
最迟出现日期	3月30日	4月6日	4月10日	4月18日	9月28日	11月28日	12月5日	12月20日	11月17日	11月22日	4月11日 (来年)
去掉最早和最迟的平均日期	3月7日	3月26日	3月31日	4月4日	7月28日	11月1日	11月8日	12月1日	10月30日	10月27日	12月25日
海桐/*Pittosporum tobira* (Thunb.) Ait.											
最早出现日期	1月4日	2月4日	2月25日	3月9日	3月4日	4月5日	4月11日	4月27日	10月18日	10月22日	1月8日
最迟出现日期	3月26日	3月31日	4月7日	4月11日	4月8日	4月27日	5月1日	5月13日	11月27日	12月10日	3月27日
去掉最早和最迟的平均日期	2月25日	3月11日	3月19日	3月26日	3月22日	4月15日	4月20日	5月4日	11月8日	11月13日	2月11日
大叶黄杨/*Euonymus japonicus* Thunb.											
最早出现日期	11月1日	2月12日	2月16日	2月22日	2月19日	5月19日	5月18日	6月8日	11月27日	6月24日	7月19日
最迟出现日期	9月2日	3月18日	3月23日	3月26日	4月15日	6月4日	6月7日	7月1日	12月20日	12月5日	2月23日 (来年)
去掉最早和最迟的平均日期	2月24日	3月2日	3月6日	3月10日	3月14日	5月27日	6月1日	6月22日	12月11日	9月8日	11月18日
石楠/*Photinia serrulata* Lindl.											
最早出现日期	1月12日	2月22日	2月28日	3月1日	2月19日	3月20日	3月28日	4月9日	10月27日	9月12日	11月13日
最迟出现日期	3月13日	3月27日	3月25日	4月1日	4月6日	4月13日	4月17日	4月23日	11月26日	11月5日	12月14日
去掉最早和最迟的平均日期	2月19日	3月6日	3月12日	3月16日	3月6日	3月31日	4月4日	4月15日	11月10日	10月1日	12月5日
豪猪刺/*Berberis julianae* Schneid.											

续表

植物名称/学名	芽膨大期	芽开放期	始展叶期	展叶盛期	花序或花蕾出现期	开花始期	开花盛期	开花末期	果实成熟期	果实脱落始期	果实脱落末期
最早出现日期	3月6日	3月1日	3月9日	2月17日	12月18日	2月5日	2月26日	3月21日	4月12日	3月13日	4月7日
最迟出现日期	3月31日	4月3日	4月10日	4月25日	3月27日（来年）	4月1日	4月8日	4月12日	5月5日	4月11日	5月12日
去掉最早和最迟的平均日期	3月18日	3月21日	3月28日	3月29日	1月13日（来年）	3月4日	3月13日	3月31日	4月24日	3月24日	4月22日
桂花/*Osmanthus fragrans* (Thunb.) Lour.											
最早出现日期	2月1日	2月10日	2月19日	2月24日	8月27日	2月15日	2月26日	3月6日	3月14日	11月8日	4月6日
最迟出现日期	3月1日	3月29日	4月1日	4月6日	10月7日	10月15日	10月25日	11月4日	4月22日	12月27日	5月18日
去掉最早和最迟的平均日期	2月16日	2月28日	3月13日	3月19日	9月16日	9月26日	9月30日	10月13日	4月12日	11月21日	5月8日
含笑/*Michelia figo* (Lour.) Spreng.											
最早出现日期	2月6日	3月1日	3月7日	3月19日	5月22日	2月20日	2月26日	3月7日	8月27日	8月25日	10月15日
最迟出现日期	4月6日	4月11日	4月16日	4月20日	2月16日（来年）	4月20日	4月25日	9月5日	11月24日	11月29日	12月21日
去掉最早和最迟的平均日期	3月13日	3月27日	4月4日	4月10日	7月29日	4月1日	4月8日	5月10日	10月25日	11月3日	11月29日
湖北羊蹄甲/*Bauhinia glauca* (Wall. Ex Benth.) Benth. subsp. hupehana (Craib) T. Chen											
最早出现日期	2月20日	2月25日	3月20日	3月23日	11月10日	5月5日	5月10日	6月5日	7月26日	7月28日	9月22日
最迟出现日期	4月5日	4月9日	4月16日	4月18日	5月4日（来年）	5月17日	5月25日	7月4日	9月24日	10月8日	12月24日

续表

植物名称/学名	芽膨大期	芽开放期	始展叶期	展叶盛期	花序或花蕾出现期	开花始期	开花盛期	开花末期	果实成熟期	果实脱落始期	果实脱落末期
去掉最早和最迟的平均日期	3月15日	3月25日	3月31日	4月6日	4月20日	5月13日	5月18日	6月25日	8月19日	9月16日	10月31日
杜鹃(映山红)/*Rhododendron simsii* Planch.											
最早出现日期	1月30日	2月16日	2月24日	3月8日	1月30日	3月6日	3月31日	4月23日	6月3日	5月30日	6月28日
最迟出现日期	3月20日	4月3日	4月5日	4月9日	4月9日	4月12日	4月24日	5月5日	7月5日	6月29日	9月7日
去掉最早和最迟的平均日期	3月4日	3月15日	3月22日	3月29日	3月17日	4月2日	4月11日	4月27日	6月10日	6月8日	7月20日
红花檵木/*Loropetalum chinense* Oliver var. rubrum Yieh											
最早出现日期	2月13日	2月24日	2月28日	3月3日	10月30日	2月19日	2月26日	3月28日	8月29日	8月25日	11月1日
最迟出现日期	3月19日	4月1日	4月9日	4月11日	3月14日	4月5日	4月7日	4月24日	11月25日	11月18日	5月21日(来年)
去掉最早和最迟的平均日期	2月25日	3月11日	3月19日	3月26日	2月14日	3月13日	3月22日	4月13日	10月11日	9月28日	1月4日(来年)
夹竹桃/*Nerium indicum* Mill.											
最早出现日期	2月22日	2月28日	3月5日	3月13日	3月5日	4月30日	5月8日	9月3日	/	/	/
最迟出现日期	3月30日	4月2日	4月16日	4月20日	4月22日	5月22日	6月26日	12月21日	/	/	/
去掉最早和最迟的平均日期	3月9日	3月18日	3月28日	4月8日	3月29日	5月9日	5月19日	11月16日	/	/	/
栀子花/*Gardenia jasminoides* Ellis.											
最早出现日期	3月3日	3月6日	3月30日	4月2日	8月3日	5月18日	5月20日	6月1日	/	/	/
最迟出现日期	4月11日	4月21日	4月29日	5月9日	4月29日(来年)	6月3日	6月15日	7月2日	/	/	/

续表

植物名称/学名	芽膨大期	芽开放期	始展叶期	展叶盛期	花序或花蕾出现期	开花始期	开花盛期	开花末期	果实成熟期	果实脱落始期	果实脱落末期
去掉最早和最迟的平均日期	3月26日	4月5日	4月16日	4月21日	3月16日（来年）	5月28日	5月31日	6月22日	/	/	/
丝兰/*Yucca smalliana* Fern.											
最早出现日期	1月17日	1月30日	2月13日	3月9日	1月26日	4月25日	5月2日	5月15日	/	/	/
最迟出现日期	3月25日	3月28日	4月20日	5月3日	5月5日	5月9日	5月24日	6月16日	/	/	/
去掉最早和最迟的平均日期	2月16日	2月23日	3月23日	4月10日	4月19日	5月3日	5月8日	5月27日	/	/	/
山茶花/*Camellia japonica* L.											
最早出现日期	1月20日	3月3日	3月24日	3月29日	5月30日	11月13日	1月20日	3月28日	/	/	/
最迟出现日期	4月3日	4月5日	4月20日	4月24日	9月15日	3月6日（来年）	3月14日	4月23日	/	/	/
去掉最早和最迟的平均日期	3月11日	3月29日	4月4日	4月11日	6月26日	1日9日（来年）	2月26日	4月16日	/	/	/
野迎春花/*Jasminum mesnyi* Hance											
最早出现日期	12月14日	1月25日	2月1日	2月24日	12月5日	2月1日	2月27日	4月13日	/	/	/
最迟出现日期	3月8日（来年）	3月24日	3月27日	4月6日	2月18日	3月23日	4月6日	5月5日	/	/	/
去掉最早和最迟的平均日期	1月20日	2月21日	3月6日	3月17日	1月25日	3月1日	3月20日	4月25日	/	/	/
金丝桃/*Hypericum chinense* L.											
最早出现日期	1月4日	1月2日	1月2日	2月16日	6月18日	1月1日	1月20日	4月12日	/	/	/
最迟出现日期	11月14日	10月25日	4月3日	4月10日	4月29日	5月22日	5月29日	6月23日	/	/	/
平均日期	5月23日	2月12日	2月10日	3月4日	4月2日	5月9日	5月15日	6月9日	/	/	/

表 2.5　14 种落叶灌木物候期

植物名称/学名	芽膨大期	芽开放期	始展叶期	展叶盛期	花序或花蕾出现期	开花始期	开花盛期	开花末期	果实成熟期	果实脱落始期	果实脱落末期	叶开始变色期	叶全变色期	开始落叶期	落叶末期
紫薇/*Lagerstroemia indica* L.															
最早出现日期	3月13日	3月20日	3月27日	3月24日	4月3日	6月11日	6月26日	9月17日	8月29日	7月20日	3月3日	9月8日	10月18日	6月25日	11月11日
最迟出现日期	4月5日	4月8日	4月11日	4月17日	7月29日	8月6日	8月24日	10月24日	11月21日	12月4日	9月29日	11月26日	12月26日	12月1日	1月5日（来年）
去掉最早和最迟的平均日期	3月27日	3月31日	4月3日	4月6日	6月22日	7月17日	7月28日	10月5日	10月30日	10月28日	7月12日	10月29日	11月28日	9月15日	12月16日
红叶李/*Prunus cerasifera* Ehrh. Pissardii															
最早出现日期	2月6日	2月10日	2月13日	2月19日	2月8日	2月20日	2月24日	2月28日	5月26日	4月7日	6月9日	7月20日	9月7日	3月30日	11月15日
最迟出现日期	3月13日	3月19日	3月23日	3月27日	3月23日	3月27日	3月29日	4月7日	7月7日	6月8日	7月6日	12月1日	12月7日	10月11日	2月10日（来年）
去掉最早和最迟的平均日期	2月20日	2月27日	3月5日	3月10日	2月23日	3月4日	3月10日	3月22日	6月1日	4月21日	6月12日	9月24日	11月4日	6月12日	1月24日（来年）
二乔玉兰/*Magnolia soulangeana* Soul. －Bod															
最早出现日期	2月6日	2月24日	3月7日	3月9日	3月12日	2月22日	2月6日	3月15日	8月1日	6月27日	8月17日	8月22日	10月31日	6月18日	11月28日
最迟出现日期	3月28日	4月1日	4月3日	4月9日	8月23日	4月4日	4月3日	4月10日	10月8日	10月10日	11月10日	10月26日	12月18日	12月20日	1月3日（来年）
去掉最早和最迟的平均日期	3月11日	3月20日	3月23日	3月28日	6月18日	3月16日	3月15日	3月31日	9月19日	9月18日	10月14日	9月27日	11月23日	9月15日	12月11日
羽毛枫/*Acer palmatum* cv. Dissectum															

续表

植物名称/学名	芽膨大期	芽开放期	始展叶期	展叶盛期	花序或花蕾出现期	开花始期	开花盛期	开花末期	果实成熟期	果实脱落始期	果实脱落末期	叶开始变色期	叶全变色期	开始落叶期	落叶末期
最早出现日期	2月17日	2月28日	3月13日	3月15日	3月13日	3月18日	3月23日	3月26日	7月18日	5月27日	9月29日	9月11日	11月18日	9月7日	1月5日（来年）
最迟出现日期	3月23日	4月1日	4月3日	4月6日	4月1日	4月7日	4月9日	4月13日	9月11日	9月21日	3月9日（来年）	11月21日	12月7日	12月1日	12月29日
去掉最早和最迟的平均日期	3月6日	3月21日	3月25日	3月28日	3月22日	3月29日	4月1日	4月7日	8月18日	7月13日	12月18日	11月5日	11月27日	10月28日	12月5日
蜡梅/*Chimonanthus praecox*(L.)Link															
最早出现日期	1月26日	2月18日	2月22日	2月24日	8月20日	12月5日	12月18日	1月24日	5月26日	4月29日	1月2日	9月6日	12月10日	4月20日	12月31日
最迟出现日期	3月26日	3月28日	3月31日	4月6日	11月28日	1月2日（来年）	1月9日（来年）	3月3日	8月23日	10月18日	7月11日	12月9日	1月11日（来年）	12月20日	2月10日（来年）
去掉最早和最迟的平均日期	2月27日	3月12日	3月17日	3月24日	10月13日	12月17日	12月30日	2月16日	6月16日	6月27日	4月22日	11月3日	12月24日	7月29日	1月20日（来年）
紫荆/*Cercis chinensis* Bge.															
最早出现日期	2月10日	2月22日	2月24日	3月13日	1月30日	2月27日	3月4日	3月31日	8月10日	8月3日	12月17日	7月3日	10月6日	5月12日	3月8日
最迟出现日期	3月23日	3月29日	3月31日	4月6日	3月26日	4月2日	4月5日	4月16日	9月30日	10月7日	7月10日（来年）	12月13日	1月3日（来年）	11月23日	1月19日（来年）
去掉最早和最迟的平均日期	3月3日	3月10日	3月17日	3月26日	3月3日	3月17日	3月23日	4月7日	9月4日	9月11日	4月18日	9月3日	12月2日	7月23日	12月31日
红叶碧桃/*Prunus persica*(L.)Batsch f. atropurpurea Schneid.															
最早出现日期	2月4日	3月12日	3月19日	3月21日	2月27日	3月14日	3月19日	4月2日	5月14日	4月24日	8月17日	6月12日	7月23日	4月20日	9月24日

续表

植物名称/学名	芽膨大期	芽开放期	始展叶期	展叶盛期	花序或花蕾出现期	开花始期	开花盛期	开花末期	果实成熟期	果实脱落始期	果实脱落末期	叶开始变色期	叶全变色期	开始落叶期	落叶末期
最迟出现日期	3月22日	4月1日	4月6日	4月10日	4月1日	4月5日	4月7日	4月21日	7月28日	8月14日	10月19日	11月16日	11月27日	9月6日	12月28日
去掉最早和最迟的平均日期	3月12日	3月24日	3月29日	4月3日	3月16日	3月24日	3月28日	4月13日	7月11日	6月12日	9月17日	8月25日	10月3日	6月30日	11月15日
木芙蓉/*Hibiscus mutabilis* L.															
最早出现日期	2月22日	3月9日	3月12日	3月25日	8月3日	10月7日	10月16日	11月4日	12日10日	10月31日	3月13日	12月10日	12月16日	6月7日	12月12日
最迟出现日期	3月17日	4月3日	4月5日	4月20日	9月15日	10月22日	10月28日	11月30日	1月4日（来年）	12月21日	4月4日	12月29日	1月4日（来年）	11月18日	1月12日（来年）
去掉最早和最迟的平均日期	3月8日	3月18日	3月24日	4月4日	9月8日	10月16日	10月23日	11月17日	12月23日	12月20日	3月15日	12月16日	12月23日	8月3日	12月28日
木槿/*Hibiscus syriacus* L.															
最早出现日期	2月24日	3月11日	3月18日	3月25日	4月4日	5月22日	5月29日	1月16日	9月29日	7月3日	12月5日（上年）	7月29日	11月20日	5月26日	12月4日
最迟出现日期	3月30日	4月5日	4月8日	4月13日	5月20日	6月24日	7月1日	10月30日	12月18日	12月21日	6月30日	12月14日	12月30日	12月16日	1月4日（来年）
去掉最早和最迟的平均日期	3月11日	3月24日	3月28日	4月1日	4月28日	6月1日	6月10日	10月17日	11月6日	10月23日	3月28日	11月4日	12月10日	8月21日	12月21日
木瓜/*Chaenomeles sinensis*(Thouin) Koehne															
最早出现日期	12月27日（上年）	1月26日	2月12日	2月19日	2月27日	3月3日	3月14日	3月26日	10月8日	4月20日	9月22日	9月12日	11月11日	6月27日	12月13日
最迟出现日期	3月1日	3月14日	3月26日	4月1日	4月5日	4月6日	4月9日	4月16日	11月17日	9月20日	12月29日	11月16日	12月19日	11月6日	1月18日（来年）

续表

植物名称/学名	芽膨大期	芽开放期	始展叶期	展叶盛期	花序或花蕾出现期	开花始期	开花盛期	开花末期	果实成熟期	果实脱落始期	果实脱落末期	叶开始变色期	叶全变色期	开始落叶期	落叶末期
去掉最早和最迟的平均日期	1月23日	2月21日	3月8日	3月15日	3月14日	3月23日	3月27日	4月5日	10月29日	5月26日	11月27日	10月22日	12月3日	9月14日	12月28日
金钟花/*Forsythia viridissima* Lindl.															
最早出现日期	1月28日	2月18日	2月20日	2月23日	2月5日	2月1日	2月20日	3月10日	/	/	/	9月29日	10月12日	5月27日	12月27日
最迟出现日期	3月3日	3月24日	3月27日	3月31日	3月13日	3月21日	3月25日	4月8日	/	/	/	11月13日	12月26日	12月1日	1月25日（来年）
去掉最早和最迟的平均日期	2月20日	3月2日	3月8日	3月12日	2月21日	2月27日	3月7日	3月27日	/	/	/	10月27日	12月7日	9月22日	1月9日（来年）
丝棉木/*Euonymus maackii* Rupr.															
最早出现日期	2月2日	2月13日	2月17日	2月22日	2月13日	4月20日	4月26日	5月11日	10月3日	5月19日	12月18日	10月30日	12月7日	4月14日	1月19日
最迟出现日期	3月19日	3月25日	3月29日	4月1日	3月26日	5月3日	5月8日	5月22日	11月12日	7月29日	5月18日（来年）	1月2日（来年）	1月31日（来年）	12月11日	3月29日
去掉最早和最迟的平均日期	2月22日	3月2日	3月8日	3月12日	3月11日	4月28日	5月2日	5月17日	10月29日	6月2日	2月22日	11月29日	1月7日（来年）	9月28日	2月9日
日本晚樱/*Prunus lannesiana* Wils.															
最早出现日期	2月1日	3月6日	3月13日	3月20日	3月8日	3月18日	3月23日	4月8日	/	/	/	7月27日	9月11日	4月26日	9月27日
最迟出现日期	3月30日	4月2日	4月4日	4月9日	4月1日	4月5日	4月9日	4月22日	/	/	/	10月31日	12月1日	9月18日	12月19日
去掉最早和最迟的平均日期	3月12日	3月23日	3月27日	3月31日	3月22日	3月27日	4月1日	4月17日	/	/	/	9月22日	11月5日	7月5日	12月2日
绣球/*Hydrangea macrophylla*(Thunb.)Ser.															

续表

植物名称/学名	芽膨大期	芽开放期	始展叶期	展叶盛期	花序或花蕾出现期	开花始期	开花盛期	开花末期	果实成熟期	果实脱落始期	果实脱落末期	叶开始变色期	叶全变色期	开始落叶期	落叶末期
最早出现日期	1月9日	2月5日	2月10日	2月13日	3月19日	4月3日	4月5日	6月30日	/	/	/	10月18日	12月10日	1月15日	1月13日
最迟出现日期	3月4日	3月12日	3月23日	3月27日	4月23日	5月21日	5月30日	12月21日	/	/	/	12月30日	2月8日	12月18日	3月21日
去掉最早和最迟的平均日期	2月8日	2月23日	3月4日	3月10日	4月9日	5月6日	5月14日	9月3日	/	/	/	12月6日	1月7日	7月13日	2月18日

表 2.6　10 种常绿针叶乔木物候期

植物名称/学名	芽膨大期	芽开放期	始展叶期	展叶盛期	花序或花蕾出现期	开花始期	开花盛期	开花末期	果实成熟期	果实脱落始期	果实脱落末期
柳杉/*Cryptomeria fortunei* Hooibrenk ex Otto et Dietr.											
最早出现日期	3月2日	3月5日	3月28日	4月14日	7月12日	2月6日	2月18日	3月1日	10月20日	9月25日	4月12日
最迟出现日期	4月18日	4月27日	5月5日	5月14日	9月22日	3月13日	3月24日	3月23日	12月18日	1月20日（来年）	11月28日
去掉最早和最迟的平均日期	3月29日	4月15日	4月25日	5月2日	9月4日	2月22日	3月2日	3月13日	11月25日	11月7日	9月16日
日本柳杉/*Cryptomeria japonica*(Linn. f.)D. Don.											
最早出现日期	2月20日	3月3日	3月12日	2月19日	6月24日	2月6日	2月10日	2月26日	10月8日	8月22日	6月8日
最迟出现日期	4月8日	4月24日	5月3日	5月6日	9月17日	3月6日	3月12日	3月19日	3月7日（来年）	12月18日	5月28日（来年）
去掉最早和最迟的平均日期	3月22日	4月7日	4月19日	4月28日	8月5日	2月17日	2月23日	3月12日	11月20日	11月13日	11月17日
湿地松/*Pinus elliottii* Engelm.											
最早出现日期	3月6日	3月17日	4月3日	4月7日	11月4日	2月20日	2月26日	3月6日	7月4日	10月8日	7月20日
最迟出现日期	4月12日	4月23日	4月29日	5月15日	3月27日（来年）	5月1日	4月6日	4月8日	10月10日	11月13日	12月8日

续表

植物名称/学名	芽膨大期	芽开放期	始展叶期	展叶盛期	花序或花蕾出现期	开花始期	开花盛期	开花末期	果实成熟期	果实脱落始期	果实脱落末期
去掉最早和最迟的平均日期	3月24日	4月7日	4月21日	4月29日	2月13日（来年）	3月20日	3月21日	3月26日	8月30日	10月13日	10月17日
火炬松/*Pinus taeda* L.											
最早出现日期	3月5日	3月16日	3月19日	4月7日	1月10日	3月15日	3月18日	3月24日	7月4日	7月19日	7月1日
最迟出现日期	4月12日	4月19日	4月29日	5月3日	4月1日	4月8日	4月9日	4月13日	11月8日	11月27日	10月31日
去掉最早和最迟的平均日期	3月24日	4月7日	4月16日	4月23日	2月28日	3月25日	3月28日	4月2日	9月26日	11月1日	7月23日
杉木/*Cunninghamia lanceojata* (Lamb.) Hook.											
最早出现日期	3月2日	3月30日	4月2日	4月19日	8月30日	3月1日	3月3日	3月10日	10月21日	10月5日	11月15日
最迟出现日期	4月13日	4月23日	4月28日	5月4日	2月1日（来年）	4月1日	5月1日	4月12日	12月18日	10月30日	6月17日（来年）
去掉最早和最迟的平均日期	4月2日	4月16日	4月22日	4月29日	10月28日	3月14日	3月19日	3月27日	11月23日	10月17日	5月30日（来年）
侧柏/*Platycladus orientalis* (L.) Franco											
最早出现日期	3月4日	3月10日	3月16日	3月29日	8月29日	2月10日	2月12日	2月24日	7月1日	9月3日	12月27日
最迟出现日期	3月31日	4月8日	5月3日	6月1日	2月25日（来年）	3月18日	3月20日	3月25日	11月5日	11月7日	6月22日（来年）
去掉最早和最迟的平均日期	3月15日	3月29日	4月6日	4月18日	12月22日	2月25日	3月1日	3月9日	10月14日	10月8日	3月27日（来年）
圆柏/*Sabina hinensis* (L.) Ant.											
最早出现日期	3月1日	3月10日	3月18日	3月28日	6月15日	2月7日	2月10日	3月1日	9月26日	7月24日	12月15日

续表

植物名称/学名	芽膨大期	芽开放期	始展叶期	展叶盛期	花序或花蕾出现期	开花始期	开花盛期	开花末期	果实成熟期	果实脱落始期	果实脱落末期
最迟出现日期	3月31日	4月7日	4月21日	4月29日	10月7日	3月17日	3月19日	3月26日	11月20日	12月31日	10月31日（来年）
去掉最早和最迟的平均日期	3月12日	3月24日	3月31日	4月12日	8月4日	2月21日	2月25日	3月10日	11月1日	9月24日	5月7日（来年）
罗汉松/*Podocarpus macrophyllus*(Thunb.) D. Don.											
最早出现日期	2月22日	3月1日	4月15日	4月18日	6月26日	4月29日	5月2日	5月13日	6月21日	5月10日	8月30日
最迟出现日期	4月14日	4月20日	5月5日	5月11日	4月26日（来年）	5月15日	5月18日	5月27日	9月18日	9月2日	11月18日
去掉最早和最迟的平均日期	3月30日	4月9日	4月25日	4月30日	1月16日	5月6日	5月12日	5月21日	8月13日	7月12日	10月21日
马尾松/*Pinus massoniana* Lamb.											
最早出现日期	2月19日	3月9日	4月10日	4月16日	3月1日	3月18日	3月22日	3月28日	7月7日	5月29日	/
最迟出现日期	4月12日	4月26日	5月7日	5月13日	4月5日	4月9日	4月9日	4月18日	11月24日	10月18日	/
去掉最早和最迟的平均日期	3月28日	4月13日	4月26日	5月3日	3月14日	3月27日	3月30日	4月6日	10月16日	8月24日	/
黑松/*Pinus thunbergii* Parl.											
最早出现日期	3月20日	3月28日	3月25日	3月27日	11月7日	1月30日	2月4日	3月16日	/	/	/
最迟出现日期	4月13日	4月23日	5月7日	5月11日	3月21日	4月9日	4月11日	4月16日	/	/	/
去掉最早和最迟的平均日期	4月2日	4月13日	4月22日	4月27日	2月9日	3月23日	3月26日	4月4日	/	/	/

表 2.7　2 种落叶针叶乔木物候期

植物名称/学名	芽膨大期	芽开放期	始展叶期	展叶盛期	花序或花蕾出现期	开花始期	开花盛期	开花末期	果实成熟期	果实脱落始期	果实脱落末期	叶开始变色期	叶全变色期	开始落叶期	落叶末期
金钱松/*Pseudolarix kaempferi*(Lindl.) Gord.															
最早出现日期	2月3日	3月15日	3月1日	3月28日	1月17日	3月18日	3月25日	3月30日	10月23日	7月4日	12月9日	9月15日	10月31日	8月9日	11月5日
最迟出现日期	10月4日	4月5日	4月7日	4月17日	4月1日	4月7日	4月9日	4月14日	11月23日	12月1日	5月21日（来年）	11月14日	12月1日	11月16日	12月28日
去掉最早和最迟的平均日期	3月17日	3月27日	4月1日	4月7日	3月11日	3月31日	4月3日	4月8日	11月14日	10月10日	1月23日（来年）	10月19日	11月17日	9月24日	12月5日
水杉/*Metasequoia glyptostroboides* Hu et cheng															
最早出现日期	2月17日	3月6日	3月15日	3月20日	8月2日	2月24日	2月26日	3月10日	9月11日	9月7日	11月3日	8月3日	10月19日	8月15日	12月2日
最迟出现日期	3月31日	4月6日	4月7日	4月9日	3月13日（来年）	3月29日	3月31日	4月2日	11月11日	11月4日	12月24日	11月16日	12月21日	11月26日	1月23日（来年）
去掉最早和最迟的平均日期	3月17日	3月24日	3月28日	4月1日	11月19日	3月11日	3月16日	3月20日	10月11日	10月10日	12月13日	10月15日	11月25日	10月8日	12月28日

表 2.8　7 种落叶和常绿果树物候期

植物名称/学名	芽膨大期	芽开放期	始展叶期	展叶盛期	花序或花蕾出现期	开花始期	开花盛期	开花末期	果实成熟期	果实脱落始期	果实脱落末期	叶开始变色期	叶全变色期	开始落叶期	落叶末期
石榴/*Punica granatum* L.															
最早出现日期	2月20日	2月24日	3月13日	3月20日	3月31日	4月15日	4月23日	5月30日	7月2日	3月29日	1月27日	10月16日	11月28日	5月2日	12月12日

续表

植物名称/学名	芽膨大期	芽开放期	始展叶期	展叶盛期	花序或花蕾出现期	开花始期	开花盛期	开花末期	果实成熟期	果实脱落始期	果实脱落末期	叶开始变色期	叶全变色期	开始落叶期	落叶末期
最迟出现日期	4月1日	4月5日	4月9日	4月11日	4月18日	5月3日	5月20日	10月18日	9月18日	10月7日	10月6日	12月4日	12月23日	12月15日	1月4日（来年）
去掉最早和最迟的平均日期	3月17日	3月25日	3月31日	4月5日	4月10日	4月26日	5月4日	6月15日	8月7日	7月2日	6月2日	11月13日	12月12日	7月8日	12月23日
枣/*Ziziphus jujuba* Mill.															
最早出现日期	3月18日	3月20日	3月29日	4月4日	4月11日	5月2日	5月5日	6月7日	7月22日	6月19日	8月30日	9月1日	10月13日	5月28日	11月10日
最迟出现日期	4月13日	4月16日	4月20日	4月22日	5月7日	5月19日	5月22日	7月4日	8月24日	8月18日	12月26日	11月15日	12月1日	10月26日	12月20日
去掉最早和最迟的平均日期	4月3日	4月8日	4月12日	4月17日	4月23日	5月8日	5月13日	6月19日	8月7日	7月16日	11月18日	10月13日	11月14日	8月30日	12月1日
桃/*Prunus persica* (L.)Batsch.															
最早出现日期	2月14日	2月20日	2月25日	3月11日	2月20日	2月24日	3月11日	3月15日	6月5日	4月22日	3月9日	8月16日	9月19日	4月26日	9月28日
最迟出现日期	3月19日	3月28日	4月3日	4月8日	3月24日	4月5日	4月8日	4月24日	7月28日	8月2日	11月16日	11月17日	12月14日	11月20日	1月4日（来年）
去掉最早和最迟的平均日期	3月7日	3月15日	3月21日	3月27日	3月9日	3月17日	3月22日	4月3日	7月8日	5月20日	8月12日	10月1日	10月31日	6月30日	12月7日
柿/*Diospyros kaki* Thunb															
最早出现日期	2月12日	2月22日	2月24日	2月28日	3月4日	4月15日	4月17日	4月25日	9月4日	6月11日	9月29日	9月8日	10月1日	6月26日	10月31日
最迟出现日期	3月18日	4月1日	4月2日	4月5日	4月3日	4月30日	5月2日	5月9日	10月18日	12月9日	12月25日	11月2日	11月17日	10月28日	12月9日

续表

植物名称/学名	芽膨大期	芽开放期	始展叶期	展叶盛期	花序或花蕾出现期	开花始期	开花盛期	开花末期	果实成熟期	果实脱落始期	果实脱落末期	叶开始变色期	叶全变色期	开始落叶期	落叶末期
去掉最早和最迟的平均日期	3月6日	3月16日	3月19日	3月22日	3月19日	4月23日	4月26日	5月4日	10月4日	8月21日	11月15日	10月7日	10月26日	9月22日	11月24日
杨梅/*Myrica rubra* Sieb. et Zucc.															
最早出现日期	2月24日	3月30日	4月1日	3月26日	8月25日	2月27日	3月10日	3月18日	5月29日	4月29日	6月8日				
最迟出现日期	4月12日	4月19日	4月24日	4月27日	3月13日（来年）	4月6日	6月24日	4月11日	6月15日	6月11日	6月25日				
去掉最早和最迟的平均日期	4月1日	4月9日	4月14日	4月19日	11月15日	3月20日	3月23日	3月28日	6月7日	5月28日	6月16日				
柑橘/*Citrus reticulata* Blanco															
最早出现日期	2月12日	2月14日	2月25日	3月6日	2月22日	4月5日	4月11日	4月19日	9月12日	4月26日	1月17日				
最迟出现日期	4月3日	4月5日	4月15日	4月18日	4月6日	4月24日	4月26日	5月5日	10月20日	9月29日	12月27日				
去掉最早和最迟的平均日期	3月11日	3月22日	3月31日	4月6日	3月22日	4月16日	4月19日	4月28日	10月1日	7月16日	8月27日				
枇杷/*Eriobotrya japonica*(Thunb.)Lindl.															
最早出现日期	1月20日	2月1日	2月12日	2月22日	9月4日	3月1日	3月4日	12月4日	5月4日	5月2日	5月20日				
最迟出现日期	3月9日	3月12日	3月27日	4月16日	12月28日	12月14日	12月30日	3月15日（来年）	6月4日	5月28日	7月27日				
去掉最早和最迟的平均日期	2月8日	2月21日	3月4日	3月15日	10月3日	11月19日	12月3日	1月4日（来年）	5月16日	5月15日	6月8日				

2.5 自然物候历编制

物候历又称自然历。即把一地区的自然物候多年观测资料进行整理，按出现日期排列成表(表 2.9 至表 2.17)，表中的平均日期指去掉最早和最迟出现年份的历年平均值。

表 2.9 江西南昌地区 36 种落叶乔木自然历(2002—2023 年)

月份和旬		物候现象	最早	最迟	平均	主要农事活动
			月—日 年	月—日 年	月—日	
1月	上旬	乌桕果实脱落末期	12—04 2009	02—09(来年) 2020	01—01	准备烤烟大棚育苗
		麻栎落叶末期	12—18 2012	02—28(来年) 2005	01—02	
		龙爪槐落叶末期	12—15 2010	02—09(来年) 2017	01—05	
		喜树落叶末期	12—25 2010	02—04(来年) 2017	01—10	
		枫杨果实脱落末期	09—20 2003	03—09(来年) 2005	01—10	
	中旬	垂柳落叶末期	01—03 2010	01—30 2020	01—14	
	下旬	檫木花序或花蕾出现期	01—09 2014	01—26 2016	01—21	
2月	上旬	湖北海棠果实脱落末期	12—25 2010	04—01(来年) 2008	02—02	兴修水利、大搞农田基本建设、紫云英田排水、小麦中耕、三类苗追肥
		檫木开花始期	01—30 2014	02—27 2012	02—05	
	中旬	湖北海棠芽膨大期	01—26 2016	03—01 2005	02—12	
		小鸡爪槭果实脱落末期	12—23 2011	03—13(来年) 2013	02—13	
		二球悬铃木落叶末期	12—07 2012	03—13(来年) 2007	02—14	
		檫木开花盛期	02—04 2013	03—09 2012	02—15	
		垂柳芽膨大期	01—30 2019	03—07 2005	02—17	
		湖北海棠花序或花蕾出现期	02—04 2014	03—07 2005	02—20	
	下旬	湖北海棠芽开放期	02—06 2021	03—13 2012	02—21	
		白玉兰开花始期	02—02 2003	03—23 2012	02—21	
		垂柳花序或花蕾出现期	02—07 2014	03—12 2012	02—22	
		麻栎花序或花蕾出现期	02—01 2019	03—23 2012	02—26	
		湖北海棠始展叶期	02—13 2021	03—18 2012	02—27	
		麻栎芽膨大期	01—15 2021	03—27 2012	02—28	
		枫杨芽膨大期	02—01 2020	03—23 2012	02—28	
3月	上旬	白榆花序或花蕾出现期	02—05 2009	03—28 2017	03—02	小麦、油菜田间管理、做好早稻播种前准备工作
		白玉兰开花盛期	02—14 2021	03—26 2012	03—02	
		臭椿果实脱落末期	03—13 2005	07—12 2011	03—03	
		枫杨芽开放期	02—16 2009	03—25 2012	03—05	
		垂柳始展叶期	02—12 2021	03—24 2012	03—05	
		枫香芽膨大期	02—04 2019	03—26 2012	03—06	

续表

月份和旬		物候现象	最早	最迟	平均	主要农事活动
			月—日　年	月—日　年	月—日	
3月	上旬	湖北海棠展叶盛期	02—17　2009	03—23　2005	03—06	
		二球悬铃木芽膨大期	01—21　2019	03—26　2012	03—07	
		垂柳开花始期	02—20　2021	03—23　2012	03—07	
		麻栎芽开放期	02—20　2021	03—30　2012	03—08	
		油桐芽膨大期	02—20　2020	03—21　2014	03—08	
		桑树芽膨大期	02—20　2004	03—25　2006	03—08	
		鹅掌楸芽膨大期	02—14　2021	03—23　2012	03—09	
		枫杨始展叶期	02—25　2004	03—27　2012	03—09	
		檫木芽膨大期	02—22　2021	03—17　2019	03—09	
		小鸡爪槭芽开放期	02—24　2021	03—25　2012	03—09	
		白榆开花始期	02—09　2009	03—31　2018	03—09	
		白玉兰芽膨大期	02—06　2021	03—21　2005	03—10	
		小鸡爪槭花序或花蕾出现期	02—24　2007	03—25　2012	03—10	
		白榆开花盛期	02—13　2009	03—30　2003	03—10	
		檫木开花末期	02—25　2021	03—31　2012	03—10	
	中旬	垂柳开花盛期	02—24　2009	03—31　2007	03—11	
		枫杨花序或花蕾出现期	02—27　2009	03—26　2005	03—11	
		日本晚樱芽膨大期	02—01　2019	03—30　2005	03—12	
		垂柳展叶盛期	02—14　2021	04—05　2006	03—12	
		枫香花序或花蕾出现期	02—24　2016	04—01　2003	03—12	
		元宝槭芽膨大期	02—06　2021	03—27　2007	03—13	
		喜树芽膨大期	02—24　2005	03—29　2012	03—13	
		小鸡爪槭始展叶期	02—28　2007	03—27　2012	03—13	
		枫杨展叶盛期	03—01　2007	03—31　2012	03—13	
		湖北海棠开花始期	02—25　2021	03—30　2012	03—13	
		麻栎开花始期	02—23　2021	04—03　2005	03—13	
		麻栎始展叶期	02—22　2021	03—31　2005	03—14	
		枫香芽开放期	02—24　2021	04—01　2006	03—15	
		元宝槭花序或花蕾出现期	02—24　2021	03—28　2005	03—15	
		桑树花序或花蕾出现期	03—02　2004	04—02　2005	03—15	
		毛红椿芽膨大期	02—24　2021	03—31　2017	03—16	
		鹅掌楸芽开放期	02—20　2021	03—31　2012	03—16	
		白玉兰开花末期	02—25　2021	04—03　2005	03—16	
		榉树芽膨大期	02—28　2021	04—01　2005	03—17	

续表

月份和旬		物候现象	最早 月—日 年	最迟 月—日 年	平均 月—日	主要农事活动
3月	中旬	白榆芽膨大期	01—27 2021	03—31 2012	03—17	
		白玉兰芽开放期	02—22 2021	04—01 2005	03—17	
		枫香始展叶期	02—25 2004	04—02 2005	03—17	
		麻栎展叶盛期	02—26 2021	04—06 2012	03—17	
		小鸡爪槭展叶盛期	03—01 2007	03—31 2005	03—17	
		枫香开花始期	03—04 2004	04—06 2012	03—17	
		湖北海棠开花盛期	03—03 2021	04—03 2005	03—17	
		麻栎开花盛期	03—02 2021	04—04 2005	03—17	
		毛红椿果实脱落末期	01—11 2009	05—08 2015	03—17	
		榔榆果实脱落末期	02—17 2017	04—14 2011	03—18	
		檫木芽开放期	02—28 2021	03—28 2012	03—18	
		锥栗芽膨大期	02—22 2021	03—30 2012	03—19	
		构树芽膨大期	02—18 2021	03—30 2005	03—19	
		二球悬铃木花序或花蕾出现期	03—06 2007	04—02 2005	03—19	
		小鸡爪槭开花始期	03—01 2007	03—31 2005	03—19	
		白花泡桐开花始期	03—02 2007	04—02 2005	03—19	
		蓝果树芽膨大期	02—22 2021	04—01 2005	03—20	
		榔榆芽膨大期	02—26 2007	04—03 2005	03—20	
		喜树芽开放期	02—27 2021	04—02 2005	03—20	
		白玉兰始展叶期	02—24 2021	04—03 2005	03—20	
		构树花序或花蕾出现期	02—22 2021	04—10 2005	03—20	
		元宝槭开花始期	03—02 2004	03—31 2012	03—20	
		白榆开花末期	02—18 2009	04—16 2003	03—20	
		垂柳开花末期	03—08 2004	04—04 2007	03—20	
	下旬	臭椿芽膨大期	02—25 2021	03—31 2017	03—21	
		鹅掌楸花序或花蕾出现期	03—04 2010	04—08 2008	03—21	
		肥皂荚芽膨大期	02—22 2021	04—03 2005	03—21	
		元宝槭芽开放期	02—08 2021	03—31 2005	03—21	
		毛红椿芽开放期	03—09 2007	04—03 2017	03—21	
		枫香开花盛期	03—07 2010	04—08 2003	03—21	
		紫穗槐芽膨大期	03—06 2021	04—04 2005	03—22	
		二球悬铃木芽开放期	03—05 2004	04—01 2005	03—22	
		榉树芽开放期	03—08 2021	04—02 2005	03—22	
		日本晚樱花序或花蕾出现期	03—08 2013	04—01 2005	03—22	

续表

月份和旬		物候现象	最早	最迟	平均	主要农事活动
			月—日　年	月—日　年	月—日	
3月	下旬	油桐芽开放期	02—27　2021	03—31　2017	03—23	抢晴晒稻种、棉籽，选稻、棉种，耕耙田地、做秧田、播种早稻
		日本晚樱芽开放期	03—06　2021	04—02　2005	03—23	
		白榆芽开放期	03—08　2008	04—03　2005	03—23	
		鹅掌楸始展叶期	02—24　2021	04—04　2012	03—23	
		枫香展叶盛期	03—10　2016	04—06　2005	03—23	
		枫杨开花始期	03—04　2007	04—07　2007	03—23	
		小鸡爪槭开花盛期	03—06　2007	04—04　2012	03—23	
		香椿芽膨大期	03—08　2019	04—03　2017	03—24	
		檫木始展叶期	03—06　2021	04—02　2018	03—24	
		油桐花序或花蕾出现期	03—15　2020	03—28　2017	03—24	
		麻栎开花末期	03—06　2021	04—10　2012	03—24	
		桑芽开放期	03—14　2004	04—01　2005	03—24	
		加杨芽膨大期	03—03　2021	04—05　2017	03—25	
		乌桕芽膨大期	02—17　2021	04—06　2005	03—25	
		锥栗芽开放期	03—17　2008	04—01　2005	03—25	
		臭椿芽开放期	03—15　2021	04—03　2017	03—25	
		元宝槭始展叶期	03—13　2021	04—03　2005	03—25	
		喜树始展叶期	03—06　2021	04—06　2005	03—25	
		毛红椿始展叶期	03—12　2004	04—06　2017	03—25	
		构树芽开放期	02—22　2021	04—03　2005	03—26	
		榉树始展叶期	03—13　2021	04—13　2017	03—26	
		肥皂荚芽开放期	03—06　2021	04—06　2005	03—26	
		白玉兰展叶盛期	02—26　2021	04—07　2012	03—26	
		桑始展叶期	03—17　2004	04—05　2005	03—26	
		肥皂荚花序或花蕾出现期	03—11　2016	04—12　2005	03—26	
		紫穗槐芽开放期	03—11　2007	04—06　2017	03—26	
		枫杨开花盛期	02—26　2006	04—10　2005	03—26	
		元宝槭开花盛期	03—15　2021	04—06　2012	03—26	
		湖北海棠开花末期	03—18　2021	04—08　2005	03—26	
		复羽叶栾树芽膨大期	03—17　2020	04—05　2005	03—27	
		苦楝芽膨大期	02—19　2021	04—07　2011	03—27	
		梓树芽膨大期	03—02　2007	04—06　2017	03—27	
		榔榆芽开放期	03—04　2007	04—06　2005	03—27	
		日本晚樱始展叶期	03—13　2021	04—04　2005	03—27	
		白榆始展叶期	03—04　2021	04—06　2017	03—27	

续表

月份和旬		物候现象	最早	最迟	平均	主要农事活动
			月—日　年	月—日　年	月—日	
3月	下旬	二球悬铃木始展叶期	03—19　2020	04—03　2005	03—27	
		加杨花序或花蕾出现期	03—14　2008	04—05　2017	03—27	
		二球悬铃木开花始期	03—14　2016	04—07　2012	03—27	
		日本晚樱开花始期	03—18　2021	04—05　2005	03—27	
		枫香开花末期	03—12　2016	04—16　2003	03—27	
		锥栗始展叶期	03—19　2008	04—03　2005	03—28	
		板栗芽膨大期	03—08　2019	04—05　2005	03—28	
		白花泡桐开花盛期	03—14　2007	04—04　2005	03—28	
		蓝果树芽开放期	03—03　2021	04—05　2005	03—29	
		香椿芽开放期	03—19　2004	04—10　2017	03—29	
		臭椿始展叶期	03—19　2020	04—06　2017	03—29	
		油桐始展叶期	03—20　2021	04—06　2017	03—29	
		鹅掌楸展叶盛期	03—15　2021	04—06　2005	03—29	
		白榆果实脱落始期	03—02　2007	06—12　2012	03—29	
		榉树花序或花蕾出现期	03—11　2016	04—27　2006	03—29	
		桑展叶盛期	03—23　2004	04—08　2005	03—29	
		白花泡桐芽膨大期	03—11　2020	04—13　2012	03—30	
		合欢芽膨大期	03—10　2021	04—09　2012	03—30	
		紫穗槐始展叶期	03—14　2007	04—10　2017	03—30	
		檫木展叶盛期	03—13　2021	04—22　2013	03—30	
		元宝槭展叶盛期	03—18　2021	04—07　2011	03—30	
		毛红椿展叶盛期	03—18　2007	04—10　2017	03—30	
		蓝果树花序或花蕾出现期	03—22　2013	04—11　2011	03—30	
		加杨芽开放期	03—15　2021	04—08　2017	03—31	
		乌桕芽开放期	02—26　2021	04—09　2005	03—31	
		复羽叶栾树芽开放期	03—22　2020	04—08　2005	03—31	
		榔榆始展叶期	03—20　2021	04—09　2005	03—31	
		日本晚樱展叶盛期	03—20　2021	04—09　2012	03—31	
		榉树展叶盛期	03—20　2013	04—17　2017	03—31	
		二球悬铃木开花盛期	03—17　2016	04—09　2005	03—31	
		桑树开花始期	03—19　2004	04—08　2005	03—31	
4月	上旬	紫穗槐花序或花蕾出现期	03—20　2013	04—11　2011	04—01	4月初移栽烤烟
		龙爪槐芽膨大期	02—26　2004	04—17　2017	04—01	
		梧桐芽膨大期	03—08　2019	04—12　2005	04—01	
		梓树芽开放期	03—27　2010	04—09　2011	04—01	

续表

月份和旬		物候现象	最早	最迟	平均	主要农事活动
			月—日 年	月—日 年	月—日	
4月	上旬	构树始展叶期	03—20 2021	04—10 2017	04—01	
		肥皂荚始展叶期	03—23 2021	04—10 2017	04—01	
		二球悬铃木展叶盛期	03—23 2020	04—27 2016	04—01	
		喜树展叶盛期	03—15 2021	04—12 2010	04—01	
		白榆展叶盛期	03—17 2013	04—10 2005	04—01	
		锥栗展叶盛期	03—22 2008	04—25 2007	04—01	
		臭椿展叶盛期	03—23 2020	04—12 2005	04—01	
		加杨开花始期	03—18 2008	04—13 2017	04—01	
		日本晚樱开花盛期	03—23 2013	04—09 2005	04—01	
		紫穗槐果实脱落末期	09—14 2017	07—11 2005	04—01	
		苦楝芽开放期	02—22 2021	04—11 2011	04—02	
		蓝果树始展叶期	03—22 2020	04—08 2005	04—02	
		香椿始展叶期	03—22 2009	04—14 2016	04—02	
		锥栗花序或花蕾出现期	03—21 2008	04—15 2021	04—02	
		榉树开花始期	03—24 2020	05—02 2014	04—02	
		小鸡爪槭开花末期	03—17 2004	04—12 2012	04—02	
		油桐开花始期	03—26 2020	04—09 2019	04—03	
		油桐展叶盛期	03—23 2020	04—26 2014	04—03	
		白花泡桐芽开放期	03—16 2020	04—14 2012	04—03	
		紫穗槐展叶盛期	03—18 2010	04—13 2017	04—03	
		喜树果实脱落末期	01—12 2011	04—26 2021	04—03	
		黄檀果实脱落末期	02—27 2020	07—06 2014	04—03	
		加杨开花盛期	03—21 2008	04—16 2017	04—04	
		加杨始展叶期	03—21 2008	04—13 2017	04—04	
		复羽叶栾树始展叶期	03—24 2020	04—10 2005	04—04	
		榔榆展叶盛期	03—23 2020	04—15 2005	04—04	
		桑开花盛期	03—30 2004	04—12 2005	04—04	
		乌桕始展叶期	03—23 2021	04—14 2011	04—05	
		合欢芽开放期	03—18 2021	04—12 2011	04—05	
		龙爪槐芽开放期	03—27 2008	04—20 2017	04—05	
		梓树始展叶期	03—30 2007	04—17 2011	04—05	
		蓝果树展叶盛期	03—26 2021	04—10 2017	04—05	
		香椿展叶盛期	03—25 2010	04—18 2017	04—05	
		油桐开花盛期	03—30 2020	04—12 2019	04—05	
		榉树开花盛期	03—26 2020	05—08 2014	04—05	

续表

月份和旬		物候现象	最早	最迟	平均	主要农事活动
			月一日 年	月一日 年	月一日	
4月	上旬	龙爪槐果实脱落末期	03—20 2021	09—21 2011	04—05	
		鹅掌楸开花始期	03—25 2020	04—19 2010	04—06	
		板栗芽开放期	03—22 2020	04—10 2012	04—04	
		构树开花始期	03—23 2021	04—19 2005	04—06	
		枫杨开花末期	03—21 2007	04—17 2005	04—06	
		苦楝始展叶期	03—24 2020	04—21 2010	04—07	
		构树展叶盛期	03—25 2021	04—16 2012	04—07	
		肥皂荚展叶盛期	03—27 2021	04—16 2017	04—07	
		二球悬铃木开花末期	03—27 2016	05—01 2003	04—07	
		元宝槭开花末期	03—26 2021	04—16 2009	04—07	
		板栗始展叶期	03—25 2020	04—12 2005	04—07	
		梧桐芽开放期	03—28 2021	04—16 2012	04—08	
		白花泡桐始展叶期	03—20 2020	04—16 2012	04—08	
		龙爪槐始展叶期	03—29 2008	04—23 2017	04—08	
		加杨展叶盛期	04—04 2003	04—18 2017	04—09	
		复羽叶栾树展叶盛期	03—27 2020	04—17 2005	04—09	
		肥皂荚开花始期	04—01 2020	04—16 2003	04—09	
		榉树开花末期	03—29 2020	06—30 2014	04—09	
		加杨开花末期	03—25 2008	04—20 2015	04—09	
		鹅掌楸开花盛期	03—29 2020	04—21 2010	04—10	
		梓树展叶盛期	04—02 2013	04—23 2005	04—10	
		臭椿花序或花蕾出现期	03—23 2020	04—21 2005	04—10	
		苦楝花序或花蕾出现期	03—26 2020	05—28 2005	04—10	
		构树开花盛期	03—29 2021	04—24 2005	04—10	
		板栗展叶盛期	03—29 2020	04—15 2005	04—10	
	中旬	乌桕展叶盛期	03—26 2020	04—18 2017	04—11	4月15日左右播种花生，4月16日后翻耕大田、准备栽早稻
		苦楝果实脱落末期	01—21 2019	05—02 2012	04—11	
		肥皂荚开花盛期	04—03 2007	04—18 2011	04—12	
		苦楝展叶盛期	03—26 2020	04—24 2010	04—12	
		合欢始展叶期	03—23 2021	04—24 2010	04—12	
		蓝果树开花始期	03—31 2018	04—22 2010	04—13	
		梧桐始展叶期	04—02 2021	04—20 2012	04—13	
		黄檀芽膨大期	03—29 2021	05—04 2018	04—13	
		白花泡桐展叶盛期	03—22 2020	04—21 2003	04—14	
		龙爪槐展叶盛期	04—06 2007	04—27 2017	04—14	

续表

月份和旬		物候现象	最早	最迟	平均	主要农事活动
			月一日　年	月一日　年	月一日	
4月	中旬	紫穗槐开花始期	04—08　2007	04—20　2017	04—15	棉花播种
		桑开花末期	04—05　2007	04—22　2005	04—15	
		蓝果树开花盛期	04—03　2021	04—24　2010	04—16	
		香椿花序或花蕾出现期	04—10　2021	05—20　2010	04—16	
		油桐开花末期	04—12　2018	04—22　2013	04—17	
		板栗花序或花蕾出现期	04—09　2003	04—25　2012	04—17	
		合欢展叶盛期	04—09　2020	04—24　2010	04—17	
		梧桐展叶盛期	04—09　2020	04—24　2010	04—17	
		日本晚樱开花末期	04—08　2021	04—22　2005	04—17	
		白榆果实成熟期	04—06　2007	04—24　2015	04—17	
		紫穗槐开花盛期	04—10　2007	04—23　2010	04—18	
		泡桐开花末期	04—05　2021	04—30　2011	04—19	
		鹅掌楸果实脱落末期	07—11　2019	10—20　2015	04—19	
		黄檀芽开放期	03—13　2021	05—08　2018	04—19	
		毛红椿花序或花蕾出现期	03—26　2020	04—29　2005	04—20	
	下旬	合欢花序或花蕾出现期	04—03　2021	05—03　2019	04—21	4月21日早稻开始插秧
		肥皂荚开花末期	04—11　2018	29/4　2015	04—21	
		梓树花序或花蕾出现期	04—12　2016	05—04　2019	04—22	
		蓝果树开花末期	03—05　2010	04—28　2005	04—22	
		构树开花末期	04—11　2021	04—30　2005	04—23	
		黄檀始展叶期	04—01　2021	05—13　2018	04—23	
		苦楝开花始期	04—07　2003	05—11　2005	04—25	
		紫穗槐开花末期	04—192014	05—05　2010	04—26	
		黄檀展叶盛期	04—03　2021	05—15　2018	04—26	
		桑果实脱落始期	04—16　2008	05—29　2005	04—27	
		苦楝开花盛期	04—10　2003	05—07　2005	04—28	
		锥栗开花始期	04—20　2014	05—01　2010	04—28	
		白榆果实脱落末期	04—16　2013	07—08　2012	04—28	
5月	上旬	锥栗开花盛期	04—23　2014	05—04　2003	05—01	5月1日开始水稻、棉花田间管理，收割油菜，收摘蚕豆、豌豆
		复羽叶栾树果实脱落末期	03—19　2008	07—15　2013	05—02	
		臭椿开花始期	04—27　2018	05—07　2010	05—03	
		乌桕花序或花蕾出现期	04—25　2007	05—12　2003	05—05	
		喜树花序或花蕾出现期	05—02　2008	05—12　2015	05—07	
		臭椿开花盛期	04—29　2018	05—12　2015	05—07	
		加杨果实脱落始期	04—15　2010	06—26　2013	05—08	

续表

月份和旬		物候现象	最早	最迟	平均	主要农事活动
			月一日　年	月一日　年	月一日	
5月	上旬	梓树开花始期	04—29　2018	05—30　2019	05—09	
		锥栗开花末期	05—03　2018	05—20　2010	05—10	
	中旬	苦楝开花末期	04—02　2004	05—23　2010	05—11	
		鹅掌楸开花末期	05—04　2008	05—23　2010	05—13	
		梧桐花序或花蕾出现期	05—01　2019	06—11　2005	05—13	
		枫杨果实脱落始期	04—11　2015	08—04　2003	05—13	
		梓树开花盛期	05—02　2018	06—04　2019	05—15	
		臭椿开花末期	05—06　2018	05—22　2010	05—15	
		白花泡桐开始落叶期	04—29　2018	10—12　2019	05—15	
		板栗开花始期	05—10　2018	05—20　2010	05—17	
		合欢开花始期	04—03　2014	05—26　2016	05—18	
		黄檀花序或花蕾出现期	05—15　2020	05—20　2019	05—18	
		桑果实成熟期	04—29　2004	05—30　2005	05—20	
		板栗开花盛期	05—13　2018	05—26　2012	05—20	
	下旬	毛红椿开花始期	05—07　2007	06—04　2004	05—21	5月底烤烟始收
		香椿开花始期	05—13　2020	05—24　2018	05—23	
		香椿开花盛期	05—18　2021	05—30　2019	05—26	
		合欢开花盛期	04—03　2014	06—24　2017	05—26	
		加杨开始落叶期	04—22　2018	10—25　2021	05—27	
		毛红椿开花盛期	05—10　2008	06—10　2016	05—28	
		肥皂荚果实脱落末期	01—09　2019	09—13　2012	05—28	
		桑果实脱落末期	05—11　2007	07—13　2004	05—28	
		龙爪槐花序或花蕾出现期	04—10　2021	06—19　2016	05—30	
6月	上旬	白花泡桐果实脱落始期	04—24　2004	08—05　2019	06—01	
		枫香果实脱落末期	03—11　2018	09—21　2007	06—01	
		白玉兰花序或花蕾出现期	05—10　2014	09—30　2002	06—02	
		乌桕开花始期	05—25　2018	06—17　2003	06—02	
		黄檀开花始期	05—26　2020	06—07　2013	06—02	
		垂柳开始落叶期	03—26　2015	12—24　2019	06—03	
		梓树开花末期	05—22　2007	06—30　2014	06—04	
		毛红椿开花末期	05—13　2007	06—18　2017	06—05	
		檫木果实脱落始期	04—04　2020	08—07　2021	06—06	
		乌桕开花盛期	05—28　2018	06—21　2003	06—06	
		黄檀开花盛期	05—30　2018	06—10　2013	06—06	
		板栗开花末期	05—25　2021	06—14　2015	06—06	

续表

月份和旬		物候现象	最早	最迟	平均	主要农事活动
			月—日　年	月—日　年	月—日	
6月	中旬	香椿开花末期	06—09　2010	06—12　2021	06—11	二季晚稻播种、育秧、棉花整枝
		构树开始落叶期	05—03　2006	12—10　2019	06—11	
		梧桐开花始期	06—09　2016	06—23　2010	06—13	
		复羽叶栾树花序或花蕾出现期	05—05　2009	08—10　2021	06—16	
		枫香果实脱落始期	04—16　2020	11—02　2003	06—18	
		乌桕开始落叶期	05—04　2007	11—20　2021	06—18	
		黄檀开花末期	06—04　2018	06—25　2014	06—18	
	下旬	元宝槭果实脱落始期	04—23　2017	10—15　2007	06—22	
		乌桕开花末期	06—07　2008	07—06　2016	06—23	
		臭椿开始落叶期	05—02　2013	11—20　2019	06—24	
		檫木果实成熟期	06—10　2020	07—10　2021	06—25	
		鹅掌楸开始落叶期	05—04　2008	06—21　2005	06—25	
		喜树开始落叶期	05—01　2018	12—01　2019	06—26	
		白花泡桐果实脱落末期	06—06　2016	07—18　2018	06—27	
		合欢果实脱落末期	03—20　2005	07—18　2007	06—29	
		合欢开始落叶期	04—22　2017	11—23　2019	06—29	
		喜树开花始期	06—23　2018	07—06　2017	06—30	
		小鸡爪槭果实脱落始期	03—08　2019	12—01　2018	06—30	
7月	上旬	二球悬铃木果实脱落末期	05—03　2011	08—28　2012	07—01	7月10日早稻收割、抢栽二季晚稻
		肥皂荚开始落叶期	04—28　2016	11—08　2020	07—02	
		梧桐开花末期	06—26　2018	07—13　2010	07—03	
		日本晚樱开始落叶期	04—26　2014	09—18　2004	07—05	
		喜树开花盛期	06—27　2007	07—12　2017	07—06	
		臭椿果实脱落始期	06—03　2010	11—01　2011	07—07	
		枫杨开始落叶期	04—27　2016	12—01　2020	07—08	
		加杨果实脱落末期	06—13　2009	07—26　2011	07—10	
		肥皂荚果实脱落始期	05—12　2015	10—27　2003	07—10	
	中旬	龙爪槐开花始期	04—24　2021	07—26　2006	07—11	7月20日烤烟收毕
		麻栎开始落叶期	04—17　2014	12—01　2019	07—12	
		白榆开始落叶期	04—18　2014	12—18　2006	07—12	
		榔榆开始落叶期	04—18　2014	11—20　2019	07—14	
		构树果实脱落始期	06—19　2018	08—25　2003	07—15	
		黄檀果实脱落始期	06—17　2013	11—10　2019	07—15	
		喜树开花末期	07—11　2012	07—22　2010	07—18	

续表

月份和旬		物候现象	最早 月—日 年	最迟 月—日 年	平均 月—日	主要农事活动
7月	中旬	紫穗槐果实成熟期	06—14 2017	10—27 2008	07—20	
	下旬	龙爪槐开花盛期	07—10 2008	09—02 2021	07—27	
		紫穗槐开始落叶期	05—102005	11—23 2019	07—27	
		锥栗果实脱落始期	06—28 2006	09—02 2016	07—29	
		合欢果实脱落始期	06—23 2018	09—20 2017	07—29	
8月	上旬	苦楝果实脱落始期	05—03 2008	10—30 2003	08—02	
		构树果实成熟期	07—11 2018	09—10 2003	08—03	
		龙爪槐开始落叶期	04—29 2006	12—25 2021	08—03	
		白花泡桐花序或花蕾出现期	07—03 2019	09—02 2004	08—06	
		苦楝开始落叶期	05—12 2009	12—07 2004	08—10	
	中旬	复羽叶栾树开花始期	07—29 2015	08—30 2010	08—12	
		元宝槭开始落叶期	04—26 2014	11—23 2019	08—12	
		香椿开始落叶期	05—09 2016	01—02(来年) 2019	08—12	
		梓树开始落叶期	05—03 2010	12—06 2005	08—13	
		榉树开始落叶期	05—17 2008	11—06 2014	08—15	
		梧桐果实脱落始期	07—14 2014	10—06 2003	08—17	
		喜树果实脱落始期	07—14 2012	11—30 2004	08—19	
	下旬	鹅掌楸叶开始变色期	05—22 2005	10—26 2019	08—21	8月21日开始花生采收
		榉树果实脱落始期	07—04 2012	10—12 2014	08—23	
		紫穗槐果实脱落始期	05—03 2004	11—03 2009	08—23	
		复羽叶栾树开花盛期	08—16 2017	09—03 2010	08—24	
		臭椿果实成熟期	07—26 2021	10—10 2021	08—26	
		梧桐果实成熟期	02—09 2013	10—10 2021	08—26	
		二球悬铃木开始落叶期	05—04 2012	11—20 2019	08—26	
		油桐果实脱落末期	02—28 2020	11—21 2021	08—27	
		毛红椿开始落叶期	05—03 2010	11—20 2019	08—29	
		蓝果树开始落叶期	06—07 2018	11—23 2019	08—30	
		桑树开始落叶期	07—25 2009	11—10 2004	08—31	
9月	上旬	白玉兰开始落叶期	06—03 2009	11—10 2019	09—02	
		合欢果实成熟期	05—28 2021	11—15 2017	09—04	
		麻栎果实脱落始期	06—16 2020	10—30 2016	09—04	
		毛红椿果实脱落始期	06—17 2011	11—10 2006	09—05	
		合欢开花末期	05—05 2014	10—30 2004	09—05	
		檫木开始落叶期	05—17 2015	11—20 2019	09—06	

续表

月份和旬		物候现象	最早	最迟	平均	主要农事活动
			月一日　年	月一日　年	月一日	
9月	上旬	白玉兰果实成熟期	07—30　2021	09—21　2012	09—07	
		小鸡爪槭开始落叶期	04—06　2013	12—02　2014	09—08	
		复羽叶栾树开花末期	08—31　2004	09—18　2006	09—10	
	中旬	黄檀开始落叶期	05—27　2012	11—21　2019	09—12	9月12日开始二季晚稻田中撒播紫云英，准备收割晚稻、油菜播种，开始采摘棉花
		白玉兰果实脱落始期	07—31　2021	12—10　2011	09—13	
		榉树叶开始变色期	05—31　2009	10—26　2019	09—15	
		板栗果实脱落始期	08—25　2020	10—10　2017	09—16	
		龙爪槐果实脱落始期	08—02　2018	11—18　2004	09—17	
		湖北海棠开始落叶期	08—03　2007	11—06　2019	09—17	
		二球悬铃木果实脱落始期	06—13　2019	02—23(来年)　2005	09—17	
	下旬	复羽叶栾树果实脱落始期	09—05　2019	11—20　2003	09—21	
		榔榆开花始期	09—06　2009	10—21　2021	09—22	
		日本晚樱叶开始变色期	07—27　2019	10—31　2011	09—22	
		板栗开始落叶期	07—11　2010	10—30　2019	09—22	
		梧桐开始落叶期	08—03　2013	12—21　2019	09—23	
		龙爪槐开花末期	08—11　2016	12—27　2004	09—23	
		板栗果实成熟期	09—09　2009	10—05　2010	09—23	
		元宝槭果实成熟期	08—04　2004	10—28　2007	09—25	
		榔榆开花盛期	09—08　2009	10—25　2021	09—25	
		毛红椿果实成熟期	07—24　2021	11—01　2013	09—29	
		复羽叶栾树开始落叶期	06—17　2012	11—20　2019	09—29	
		榔榆开花末期	09—10　2009	11—01　2021	09—30	
		锥栗开始落叶期	07—28　2008	11—25　2021	09—30	
10月	上旬	檫木叶开始变色期	08—10　2018	11—19　2021	10—01	
		湖北海棠果实脱落始期	05—26　2011	11—10　2021	10—03	
		麻栎果实成熟期	08—29　2005	10—26　2011	10—04	
		锥栗果实成熟期	09—05　2006	10—27　2011	10—05	
		榔榆果实脱落始期	09—16　2009	11—11　2004	10—05	
		臭椿叶开始变色期	08—14　2007	11—12　2016	10—07	
		鹅掌楸果实成熟期	08—25　2004	09—05　2017	10—08	
		蓝果树叶开始变色期	09—07　2020	11—09　2016	10—09	
		二球悬铃木叶开始变色期	08—14　2007	11—05　2015	10—10	
	中旬	鹅掌楸果实脱落始期	08—28　2019	11—26　2008	10—11	开始收割二季晚稻、采摘棉花、冬作物播种，加强冬作物田间管理
		二球悬铃木果实成熟期	06—13　2019	11—28　2016	10—12	
		湖北海棠叶开始变色期	09—06　2018	11—26　2006	10—13	

续表

月份和旬		物候现象	最早	最迟	平均	主要农事活动
			月—日　年	月—日　年	月—日	
10月	中旬	梓树叶开始变色期	08—31　2014	12—10　2019	10—13	
		枫香叶开始变色期	09—24　2012	11—28　2018	10—13	
		加杨叶开始变色期	09—13　2009	12—01　2019	10—13	
		乌桕果实脱落始期	09—24　2018	11—03　2015	10—14	
		白玉兰叶开始变色期	09—07　2004	11—02　2019	10—14	
		乌桕果实成熟期	09—21　2018	11—07　2017	10—15	
		复羽叶栾树果实成熟期	09—20　2021	10—25　2013	10—15	
		枫香开始落叶期	08—29　2010	11—24　2005	10—15	
		榉树果实成熟期	08—29　2020	11—11　2006	10—16	
		板栗叶开始变色期	09—23　2008	10—30　2021	10—18	
		白玉兰果实脱落末期	09—25　2007	11—07　2018	10—19	
		紫穗槐叶开始变色期	07—03　2005	11—26　2006	10—20	
		黄檀叶开始变色期	09—01　2018	11—16　2019	10—20	
	下旬	梧桐叶开始变色期	09—08　2018	11—07　2011	10—21	
		枫香果实成熟期	08—15　2019	11—27　2012	10—22	
		榉树叶全变色期	09—08　2004	12—07　2020	10—22	
		油桐果实脱落始期	10—01　2019	11—13　2015	10—23	
		湖北海棠果实成熟期	09—13　2014	11—24　2018	10—23	
		油桐果实成熟期	09—11　2021	11—30　2017	10—25	
		麻栎果实脱落末期	10—18　2014	11—03　2013	10—25	
		构树果实脱落末期	09—23　2003	12—10　2013	10—26	
		毛红椿叶开始变色期	10—01　2013	11—29　2015	10—26	
		板栗果实脱落末期	09—23　2003	12—17　2019	10—28	
		锥栗果实脱落末期	03—21　2013	11—28　2019	10—29	
		油桐开始落叶期	09—28　2013	12—03　2019	10—31	
		黄檀果实成熟期	10—20　2015	11—22　2017	10—31	
11月	上旬	小鸡爪槭果实成熟期	08—31　2019	11—24　2014	11—02	11月10日开始继续收割二季晚稻。完成冬作物播种和田间管理
		复羽叶栾树叶开始变色期	09—07　2020	11—28　2006	11—03	
		苦楝叶开始变色期	09—26　2004	11—21　2012	11—03	
		板栗叶全变色期	10—28　2003	11—15　2015	11—03	
		锥栗叶开始变色期	10—10　2013	11—20　2021	11—04	
		榔榆叶开始变色期	10—13　2006	12—01　2018	11—05	
		乌桕叶开始变色期	10—01　2004	12—07　2006	11—05	
		日本晚樱叶全变色期	09—11　2021	12—01　2011	11—05	
		肥皂荚果实成熟期	01—12　2004	12—26　2017	11—07	

续表

月份和旬		物候现象	最早	最迟	平均	主要农事活动
			月—日 年	月—日 年	月—日	
11月	上旬	檫木叶全变色期	10—08 2016	11—22 2014	11—08	
		麻栎叶开始变色期	10—26 2005	11—23 2019	11—09	
		肥皂荚叶开始变色期	10—21 2013	11—27 2017	11—10	
	中旬	香椿叶开始变色期	10—01 2013	11—29 2011	11—11	
		元宝槭叶开始变色期	10—26 2011	11—21 2006	11—12	
		臭椿叶全变色期	10—08 2012	11—23 2019	11—12	
		鹅掌楸叶全变色期	10—22 2008	11—30 2021	11—13	
		枫杨叶开始变色期	11—01 2015	12—08 2005	11—14	
		油桐叶开始变色期	10—23 2014	11—28 2021	11—14	
		构树叶开始变色期	09—10 2003	12—18 2006	11—15	
		白花泡桐叶开始变色期	09—29 2008	12—20 2019	11—15	
		白花泡桐果实成熟期	10—15 2020	12—22 2014	11—16	
		小鸡爪槭叶开始变色期	09—04 2003	11—27 2004	11—16	
		合欢叶开始变色期	09—08 2021	12—12 2006	11—16	
		榔榆果实成熟期	10—19 2006	11—29 2010	11—17	
		蓝果树叶全变色期	10—11 2009	12—16 2019	11—17	
		桑树叶开始变色期	10—21 2009	12—04 2003	11—17	
		龙爪槐果实成熟期	09—15 2021	12—09 2019	11—18	
		喜树果实成熟期	10—30 2021	12—09 2009	11—19	
		白榆叶开始变色期	10—27 2020	12—13 2005	11—19	
		白玉兰叶全变色期	10—16 2008	12—05 2019	11—19	
		毛红椿叶全变色期	11—08 2017	12—07 2019	11—19	
		湖北海棠叶全变色期	10—28 2003	12—09 2016	11—20	
		垂柳叶开始变色期	10—18 2020	12—21 2004	11—20	
	下旬	梓树叶全变色期	09—29 2014	12—21 2015	11—22	11月底开始冬翻空闲田、进行农田基本建设
		梧桐叶全变色期	10—23 2016	01—05(来年) 2020	11—22	
		喜树叶开始变色期	09—29 2014	12—21 2015	11—23	
		枫香叶全变色期	10—27 2003	12—28 2014	11—24	
		苦楝叶全变色期	06—13 2012	12—09 2018	11—24	
		元宝槭叶全变色期	11—11 2010	11—21 2018	11—24	
		二球悬铃木叶全变色期	11—03 2018	12—03 2016	11—25	
		锥栗叶全变色期	10—31 2013	12—13 2005	11—26	
		黄檀叶全变色期	10—28 2018	12—16 2020	11—26	
		加杨叶全变色期	10—29 2008	12—31 2019	11—27	
		苦楝果实成熟期	10—07 2019	12—27 2014	11—27	

续表

月份和旬		物候现象	最早	最迟	平均	主要农事活动
			月—日 年	月—日 年	月—日	
11月	下旬	臭椿落叶末期	10—12 2006	12—16 2020	11—27	
		龙爪槐叶开始变色期	11—10 2010	12—18 2021	11—28	
		檫木落叶末期	11—06 2020	12—09 2013	11—28	
		板栗落叶末期	11—18 2003	12—23 2015	11—28	
		复羽叶栾树叶全变色期	11—22 2007	12—15 2014	11—29	
12月	上旬	紫穗槐叶全变色期	10—09 2018	12—23 2019	12—01	
		小鸡爪槭叶全变色期	11—24 2014	12—13 2005	12—02	
		榔榆叶全变色期	11—21 2006	12—16 2020	12—02	
		日本晚樱落叶末期	09—27 2017	12—19 2011	12—02	
		湖北海棠落叶末期	10—12 2015	12—20 2019	12—03	
		油桐叶全变色期	11—08 2013	12—29 2020	12—06	
		肥皂荚叶全变色期	11—17 2018	12—23 2005	12—06	
		白花泡桐叶全变色期	10—25 2008	12—29 2019	12—06	
		毛红椿落叶末期	11—13 2013	12—25 2004	12—06	
		元宝槭果实脱落末期	10—08 2016	03—09(来年) 2008	12—07	
		榉树果实脱落末期	10—24 2004	03—24(来年) 2013	12—08	
		苦楝落叶末期	11—18 2007	12—24 2003	12—09	
		鹅掌楸落叶末期	11—26 2003	12—21 2015	12—10	
		香椿叶全变色期	11—15 2008	12—25 2020	12—10	
		乌桕叶全变色期	11—24 2011	12—19 2017	12—10	
	中旬	构树叶全变色期	11—27 2014	12—28 2019	12—11	
		合欢叶全变色期	09—19 2021	01—03(来年) 2005	12—11	
		白玉兰落叶末期	11—27 2014	12—31 2007	12—11	
		蓝果树落叶末期	11—18 2007	12—28 2011	12—11	
		复羽叶栾树落叶末期	11—12 2012	05—22(来年) 2011	12—11	
		桑叶全变色期	11—05 2009	12—26 2006	12—12	
		黄檀落叶末期	11—25 2021	12—24 2014	12—12	
		麻栎叶全变色期	12—04 2012	12—21 2004	12—13	
		白榆叶全变色期	11—29 2010	12—28 2015	12—13	
		元宝槭落叶末期	11—24 2010	01—27(来年) 2005	12—13	
		梧桐果实脱落末期	10—30 2003	04—06(来年) 2013	12—15	
		枫香落叶末期	11—12 2018	01—11(来年) 2021	12—16	
		枫杨叶全变色期	11—26 2008	12—31 2021	12—17	
		榔榆落叶末期	11—08 2010	01—12(来年) 2009	12—17	
		梓树落叶末期	09—12 2018	01—12(来年) 2016	12—18	

续表

月份和旬		物候现象	最早	最迟	平均	主要农事活动
			月—日 年	月—日 年	月—日	
12月	中旬	乌桕落叶末期	12—04 2010	01—06(来年) 2007	12—19	
		梧桐落叶末期	11—29 2003	01—20(来年) 2020	12—19	
		榉树落叶末期	11—28 2008	03—14(来年) 2018	12—19	
		锥栗落叶末期	12—10 2007	01—06(来年) 2005	12—20	
		紫穗槐落叶末期	11—29 2016	01—06(来年) 2010	12—20	
	下旬	龙爪槐叶全变色期	12—03 2008	01—06(来年) 2016	12—21	12月底进行农田基本建设、田间管理
		加杨落叶末期	11—12 2003	01—12(来年) 2019	12—22	
		泡桐落叶末期	12—12 2012	01—10(来年) 2020	12—22	
		肥皂荚落叶末期	12—05 2018	01—12(来年) 2012	12—23	
		油桐落叶末期	12—07 2013	01—01(来年) 2016	12—24	
		垂柳叶全变色期	12—04 2007	01—09(来年) 2022	12—25	
		喜树叶全变色期	12—13 2005	01—09(来年) 2019	12—26	
		合欢落叶末期	11—25 2021	02—01(来年) 2005	12—26	
		香椿落叶末期	12—17 2010	01—12(来年) 2019	12—28	
		构树落叶末期	11—24 2005	01—09(来年) 2012	12—28	
		枫杨落叶末期	12—10 2003	01—08(来年) 2009	12—30	
		桑落叶末期	12—04 2009	01—12(来年) 2006	12—30	
		白榆落叶末期	12—19 2015	01—16(来年) 2009	12—31	

表 2.10 江西南昌地区 18 种常绿乔木自然历(2002—2023 年)

月份和旬		物候现象	最早	最迟	平均	主要农事活动
			月—日 年	月—日 年	月—日	
1月	上旬	醉香含笑果实脱落末期	10—03 2003	04—24(来年) 2018	01—08	准备烤烟大棚育苗
	中旬	醉香含笑花序或花蕾出现期	01—01 2014	02—08 2010	01—19	
	下旬	四川山矾开花盛期	11—18 2020	02—17(来年) 2005	01—22	1月底开始兴修水利、大搞农田基本建设,排紫云英田水、小麦中耕、三类苗追肥
		樟树果实脱落末期	12—20 2007	03—08(来年) 2018	01—24	
		女贞果实脱落末期	01—04 2014	03—01(来年) 2021	01—29	
2月	中旬	红翅槭芽膨大期	12—11 2009	03—15(来年) 2019	02—20	
		珊瑚树芽膨大期	02—01 2020	05—04 2016	02—20	
	下旬	深山含笑开花始期	02—10 2021	03—10 2012	02—26	
		阴香果实脱落末期	12—14 2007	05—16(来年) 2021	02—26	
		阴香芽膨大期	01—30 2007	04—03 2016	02—27	
		醉香含笑开花始期	02—13 2006	03—28 2004	02—27	

续表

月份和旬		物候现象	最早	最迟	平均	主要农事活动
			月一日　年	月一日　年	月一日	
3月	上旬	樟树芽膨大期	01—28　2019	03—14　2005	03—01	3月初小麦、油菜田间管理；做好早稻播种前准备工作
		四川山矾开花末期	02—08　2016	04—04　2004	03—02	
		红翅槭花序或花蕾出现期	02—01　2007	03—18　2012	03—02	
		乐昌含笑芽膨大期	01—10　2021	03—20　2005	03—04	
		冬青芽膨大期	02—06　2021	03—19　2018	03—04	
		珊瑚树芽开放期	02—03　2003	03—22　2013	03—04	
		深山含笑开花盛期	02—15　2017	03—23　2012	03—04	
		山杜英芽膨大期	02—10　2007	03—26　2012	03—06	
		棕榈芽膨大期	02—16　2017	03—20　2011	03—06	
		红翅槭芽开放期	02—22　2004	03—20　2019	03—07	
		木荷芽膨大期	02—25　2010	03—25　2012	03—07	
		醉香含笑开花盛期	02—16　2003	04—04　2004	03—08	
		阴香花序或花蕾出现期	02—08　2017	04—14　2016	03—09	
		红翅槭始展叶期	02—26　2007	03—26　2012	03—10	
		红翅槭开花始期	02—25　2020	03—30　2012	03—10	
	中旬	苦槠芽膨大期	02—01　2019	04—03　2012	03—11	
		大叶樟芽膨大期	02—10　2021	03—30　2005	03—12	
		山杜英芽开放期	02—22　2021	03—27　2012	03—13	
		四川山矾芽膨大期	02—27　2010	03—02　2016	03—14	
		阴香芽开放期	02—14　2017	04—11　2016	03—14	
		红翅槭展叶盛期	03—01　2007	03—29　2012	03—14	
		乐昌含笑芽开放期	01—17　2021	04—01　2012	03—15	
		珊瑚树始展叶期	03—01　2011	03—27　2013	03—15	
		乐昌含笑开花始期	02—20　2020	04—03　2012	03—15	
		红翅槭开花盛期	03—04　2020	04—01　2005	03—16	
		樟树芽开放期	02—23　2021	04—03　2005	03—17	
		冬青芽开放期	02—22　2021	04—01　2012	03—17	
		棕榈花序或花蕾出现期	02—05　2021	04—07　2011	03—17	
		樟树花序或花蕾出现期	03—03　2021	04—07　2006	03—18	
		女贞芽膨大期	02—20　2003	03—30　2005	03—19	
		乐昌含笑始展叶期	02—20　2021	04—03　2012	03—19	
		木荷芽开放期	03—09　2013	03—30　2012	03—20	
		樟树始展叶期	02—27　2021	04—05　2005	03—20	
		苦槠花序或花蕾出现期	02—19　2019	04—08　2012	03—20	
		乐昌含笑开花盛期	02—26　2020	04—09　2012	03—20	

续表

月份和旬		物候现象	最早	最迟	平均	主要农事活动
			月—日　年	月—日　年	月—日	
3月	下旬	醉香含笑芽膨大期	02—23　2009	04—07　2006	03—21	3月26日左右抢晴晒稻种、棉籽，选稻棉种、做秧田、播种早稻
		苦槠芽开放期	02—22　2021	04—06　2012	03—21	
		阴香始展叶期	02—22　2021	04—21　2016	03—21	
		山杜英始展叶期	02—25　2021	04—06　2012	03—21	
		四川山矾芽开放期	03—09　2007	03—31　2012	03—22	
		珊瑚树花序或花蕾出现期	03—01　2007	04—01　2013	03—22	
		棕榈芽开放期	03—13　2018	04—03　2006	03—23	
		木荷始展叶期	03—09　2020	04—01　2012	03—23	
		珊瑚树展叶盛期	03—12　2011	03—30　2013	03—23	
		樟树展叶盛期	03—03　2021	04—10　2005	03—23	
		乐昌含笑展叶盛期	03—03　2021	04—06　2012	03—24	
		深山含笑芽膨大期	02—22　2021	04—12　2016	03—24	
		四川山矾始展叶期	03—14　2013	04—03　2012	03—26	
		阴香展叶盛期	02—24　2021	04—25　2016	03—26	
		深山含笑开花末期	03—18　2021	04—10　2012	03—26	
		巴东木莲芽膨大期	02—07　2004	04—10　2006	03—27	
		山杜英展叶盛期	03—03　2021	04—09　2012	03—27	
		木荷展叶盛期	03—13　2020	04—04　2005	03—27	
		冬青始展叶期	03—13　2021	04—06　2012	03—28	
		苦槠始展叶期	03—06　2021	04—07　2012	03—28	
		女贞始展叶期	03—09　2004	04—09　2012	03—30	
		四川山矾展叶盛期	03—17　2013	04—09　2012	03—31	
		大叶樟花序或花蕾出现期	03—20　2019	04—07　2021	03—31	
4月	上旬	醉香含笑芽开放期	03—11　2007	04—13　2005	04—01	4月初移栽烤烟
		苦槠展叶盛期	03—10　2021	04—09　2012	04—01	
		大叶樟始展叶期	03—20　2019	04—09　2009	04—02	
		冬青展叶盛期	03—18　2021	04—10　2017	04—02	
		冬青花序或花蕾出现期	03—16　2009	04—10　2015	04—02	
		石栎芽膨大期	01—30　2020	04—23　2017	04—03	
		棕榈开花始期	02—25　2021	04—16　2012	04—03	
		醉香含笑开花末期	03—26　2019	04—22　2011	04—03	
		女贞展叶盛期	03—18　2004	04—13　2012	04—04	
		大叶樟展叶盛期	03—24　2019	04—13　2003	04—06	
		广玉兰芽膨大期	02—19　2019	04—24　2013	04—06	
		醉香含笑始展叶期	03—22　2019	04—21　2005	04—07	

续表

月份和旬		物候现象	最早		最迟		平均	主要农事活动
			月－日	年	月－日	年	月－日	
4月	上旬	红翅槭开花末期	03－27	2020	04－16	2012	04－07	
		棕榈开花盛期	03－06	2021	04－30	2007	04－09	
		乐昌含笑开花末期	03－23	2021	04－21	2005	04－09	
	中旬	棕榈始展叶期	04－12	2014	04－13	2018	04－12	4月15日播种花生。4月17日开始翻耕大田，准备栽早稻，棉花播种。4月20日早稻插秧
		苦槠开花始期	03－27	2020	04－17	2012	04－12	
		深山含笑芽开放期	03－10	2021	04－24	2012	04－13	
		巴东木莲芽开放期	04－02	2021	04－23	2017	04－13	
		木荷花序或花蕾出现期	03－16	2020	04－23	2017	04－13	
		醉香含笑展叶盛期	03－24	2019	04－25	2005	04－14	
		苦槠开花盛期	04－02	2020	04－20	2012	04－14	
		巴东木莲始展叶期	04－06	2018	04－28	2017	04－15	
		巴东木莲花序或花蕾出现期	02－15	2020	04－30	2012	04－15	
		深山含笑始展叶期	04－10	2019	04－26	2015	04－17	
		樟树开花始期	04－05	2020	04－25	2012	04－17	
		巴东木莲展叶盛期	04－10	2005	05－02	2017	04－19	
		女贞花序或花蕾出现期	03－22	2013	05－02	2020	04－19	
		大叶樟开花始期	04－11	2016	05－05	2021	04－19	
		棕榈开花末期	04－10	2018	05－04	2019	04－19	
		棕榈展叶盛期	04－20	2015	04－21	2018	04－20	
		广玉兰花序或花蕾出现期	04－10	2021	04－30	2010	04－20	
	下旬	阴香开花始期	04－09	2014	04－30	2010	04－21	
		樟树开花盛期	04－15	2014	05－03	2015	04－22	
		苦槠开花末期	04－16	2021	04－29	2012	04－22	
		广玉兰芽开放期	04－10	2019	05－03	2010	04－23	
		深山含笑展叶盛期	04－15	2014	04－29	2015	04－24	
		阴香开花盛期	04－13	2014	05－06	2005	04－26	
		大叶樟开花盛期	02－27	2012	05－09	2021	04－29	
		广玉兰始展叶期	04－20	2019	05－06	2010	04－30	
5月	上旬	冬青开花始期	04－28	2018	05－09	2019	05－04	5月初开始水稻棉花田间管理。收割油菜，收摘蚕豆、豌豆
		石栎始展叶期	03－29	2020	05－12	2011	05－05	
		樟树开花末期	04－28	2004	05－30	2014	05－05	
		山杜英花序或花蕾出现期	04－15	2021	12－05	2009	05－06	
		阴香开花末期	04－26	2014	05－14	2005	05－06	

续表

月份和旬		物候现象	最早		最迟		平均	主要农事活动
			月—日	年	月—日	年	月—日	
5月	上旬	冬青开花盛期	05—01	2007	05—14	2012	05—07	
		石栎展叶盛期	05—03	2006	05—22	2004	05—10	
		广玉兰开花始期	05—02	2018	05—16	2010	05—10	
	中旬	巴东木莲开花始期	05—07	2008	05—20	2017	05—13	
		大叶樟开花末期	05—02	2020	05—23	2010	05—14	
		广玉兰开花盛期	05—04	2018	05—28	2021	05—16	
		冬青开花末期	05—11	2018	05—24	2010	05—18	
		巴东木莲开花盛期	05—10	2018	05—29	2010	05—18	
		珊瑚树开花始期	03—14	2004	05—26	2013	05—19	
	下旬	珊瑚树开花盛期	05—15	2007	05—30	2005	05—23	5月底烤烟始收
		木荷开花始期	05—03	2017	05—30	2010	05—26	
		女贞开花始期	05—19	2018	06—02	2005	05—27	
		木荷开花盛期	05—21	2018	06—04	2021	05—30	
6月	上旬	珊瑚树开花末期	05—22	2019	06—06	2011	06—01	
		女贞开花盛期	05—23	2018	06—08	2010	06—03	
		巴东木莲开花末期	05—31	2018	06—17	2010	06—06	
	中旬	棕榈果实脱落末期	03—17	2017	11—27	2012	06—11	二季晚稻播种育秧
		木荷开花末期	06—03	2018	06—23	2010	06—13	
		女贞开花末期	06—04	2018	06—25	2010	06—17	
	下旬	广玉兰开花末期	06—18	2020	07—07	2010	06—26	
		山杜英开花始期	06—19	2018	07—04	2010	06—27	
7月	上旬	山杜英开花盛期	06—23	2018	09—07	2010	07—03	7月8日早稻收割，抢栽二季晚稻
		珊瑚树果实脱落始期	06—22	2014	08—14	2004	07—05	
		大叶樟果实脱落始期	06—10	2016	09—08	2004	07—08	
	中旬	珊瑚树果实成熟期	05—31	2004	08—23	2003	07—16	
		深山含笑花序或花蕾出现期	05—11	2018	08—17	2013	07—19	
		山杜英开花末期	07—06	2018	07—25	2017	07—19	
	下旬	石栎花序或花蕾出现期	06—01	2019	09—26	2012	07—22	7月22日烤烟收毕
		樟树果实脱落始期	05—27	2012	10—04	2003	07—25	
8月	上旬	棕榈果实脱落始期	05—24	2004	10—23	2006	08—10	
	中旬	女贞果实脱落始期	07—03	2018	11—22	2021	08—11	
	下旬	山杜英果实脱落始期	07—24	2009	11—19	2004	08—28	采收花生

续表

月份和旬		物候现象	最早	最迟	平均	主要农事活动
			月—日 年	月—日 年	月—日	
9月	上旬	石栎开花始期	08—14 2004	10—05 2012	09—03	9月初二季晚稻田中撒播紫云英；准备收割晚稻、油菜播种、摘棉花
		四川山矾果实脱落始期	04—29 2018	11—05 2014	09—04	
		石栎开花盛期	08—20 2004	10—09 2012	09—09	
		红翅槭果实脱落始期	05—18 2014	11—11 2004	09—09	
	中旬	广玉兰果实脱落始期	06—18 2010	10—27 2020	09—16	
		珊瑚树果实脱落末期	08—18 2019	10—30 2005	09—18	
		蚱蝉终鸣期	08—28 2003	10—05 2019	09—18	
		四川山矾花序或花蕾出现期	09—01 2012	10—29 2016	09—19	
		广玉兰果实成熟期	09—08 2018	10—08 2019	09—20	
	下旬	乐昌含笑果实脱落始期	06—20 2006	10—18 2008	09—23	
		四川山矾果实成熟期	06—16 2014	12—10 2010	09—24	
		大叶樟果实成熟期	08—11 2018	11—06 2021	09—27	
		巴东木莲果实成熟期	09—09 2009	10—30 2017	09—30	
10月	上旬	巴东木莲果实脱落始期	09—19 2015	10—14 2013	10—02	
		石栎开花末期	09—05 2014	10—29 2008	10—03	
		阴香果实脱落始期	05—21 2014	12—26 2014	10—04	
		石栎果实脱落始期	08—26 2020	11—10 2009	10—07	
		大叶樟果实脱落末期	08—30 2015	01—05(来年) 2015	10—08	
	中旬	木荷果实脱落始期	08—25 2020	03—27(来年) 2004	10—19	开始收二季晚稻、采摘棉花
	下旬	棕榈果实成熟期	07—18 2020	11—19 2015	10—21	10月21日开始冬作物播种、加强田间管理
		广玉兰果实脱落末期	10—02 2007	11—26 2020	10—21	
		乐昌含笑果实成熟期	09—29 2009	11—17 2017	10—22	
		红翅槭果实成熟期	08—31 2019	12—11 2004	10—23	
		四川山矾果实脱落末期	10—01 2004	12—12 2006	10—23	
		巴东木莲果实脱落末期	10—07 2005	12—16 2020	10—26	
		苦槠果实脱落始期	09—13 2019	11—08 2017	10—27	
		山杜英果实成熟期	10—04 2007	11—18 2015	10—30	
		樟树果实成熟期	10—03 2020	11—21 2003	10—31	

续表

月份和旬		物候现象	最早	最迟	平均	主要农事活动
			月—日　年	月—日　年	月—日	
11月	上旬	深山含笑果实脱落始期	10—18　2013	11—16　2016	11—02	
		深山含笑果实成熟期	10—24　2018	11—22　2010	11—03	
		石栎果实成熟期	09—29　2020	11—24　2014	11—05	
		苦槠果实成熟期	10—01　2021	11—17　2018	11—06	
	中旬	乐昌含笑果实脱落末期	10—24　2008	01—09(来年)　2019	11—11	11月11日继续收二季晚稻、完成冬作物播种和田间管理
		醉香含笑果实脱落始期	09—20　2003	01—11(来年)　2007	11—13	
		木荷果实成熟期	10—10　2017	12—22　2005	11—15	
		乐昌含笑花序或花蕾出现期	07—23　2009	02—26　2017	11—17	
		女贞果实成熟期	11—02　2010	12—01　2003	11—18	
	下旬	苦槠果实脱落末期	11—03　2013	12—30　2017	11—24	冬翻空闲田、进行农田基本建设
		深山含笑果实脱落末期	11—08　2017	12—26　2018	11—26	
		醉香含笑果实成熟期	09—15　2003	01—21(来年)　2007	11—26	
		山杜英果实脱落末期	11—08　2005	12—21　2013	11—30	
		石栎果实脱落末期	11—02　2019	12—25　2021	11—30	
12月	中旬	四川山矾开花始期	11—03　2020	02—07(来年)　2010	12—13	
		阴香果实成熟期	11—01　2004	02—11(来年)　2010	12—19	
	下旬	红翅槭果实脱落末期	11—13　2003	02—22(来年)　2019	12—29	田间管理、农田基本建设

表 2.11　江西南昌地区16种常绿灌木自然历(2002—2023年)

月份和旬		物候现象	最早	最迟	平均	主要农事活动
			月—日　年	月—日　年	月—日	
1月	上旬	红花檵木果实脱落末期	11—01　2020	05—21(来年)　2017	01—04	准备烤烟大棚育苗
		山茶花开花始期	11—13　2019	03—06(来年)　2008	01—09	
	中旬	豪猪刺花序或花蕾出现期	12—18　2013	03—27(来年)　2005	01—13	
		野迎春花芽膨大期	12—14　2010	03—08(来年)　2005	01—20	
	下旬	野迎春花花序或花蕾出现期	12—05　2020	02—18(来年)　2011	01—25	
		金丝桃芽开放期	01—05　2009	10—25(来年)　2018	01—26	

续表

月份和旬		物候现象	最早		最迟		平均	主要农事活动
			月一日	年	月一日	年	月一日	
2月	上旬	金丝桃始展叶期	01—12	2019	04—03	2015	02—09	兴修水利、大搞农田基本建设，紫云英田排水，小麦中耕，三类苗追肥
	中旬	海桐果实脱落末期	01—08	2012	03—27	2020	02—11	
		桂花果实脱落始期	11—08	2011	11—23	2017	02—12	
		桂花芽膨大期	02—01	2019	03—01	2007	02—16	
		丝兰芽膨大期	01—17	2012	03—25	2021	02—16	
		石楠芽膨大期	01—12	2021	03—13	2012	02—19	
	下旬	野迎春花芽开放期	01—25	2021	03—24	2005	02—21	
		丝兰芽开放期	01—30	2012	03—28	2021	02—23	
		大叶黄杨芽膨大期	11—01	2007	09—02	2009	02—24	
		红花檵木芽膨大期	02—13	2009	03—19	2011	02—25	
		海桐芽膨大期	01—04	2004	03—26	2012	02—25	
		山茶花开花盛期	01—20	2015	03—14	2008	02—26	
		桂花芽开放期	02—10	2021	03—29	2012	02—28	
3月	上旬	野迎春花开花始期	02—01	2021	03—23	2012	03—01	3月初开始小麦、油菜田间管理；做好早稻播种前准备工作
		大叶黄杨芽开放期	02—12	2009	03—18	2012	03—02	
		金丝桃展叶盛期	02—16	2009	04—10	2015	03—03	
		红花檵木花序或花蕾出现期	02—19	2010	03—14	2005	03—03	
		杜鹃芽膨大期	01—30	2020	03—20	2006	03—04	
		豪猪刺开花始期	02—05	2007	04—01	2005	03—04	
		野迎春花始展叶期	02—01	2021	03—27	2005	03—06	
		石楠芽开放期	02—22	2021	03—27	2013	03—06	
		大叶黄杨始展叶期	02—16	2009	03—23	2012	03—06	
		石楠花序或花蕾出现期	02—19	2004	04—06	2005	03—06	
		夹竹桃芽膨大期	02—22	2021	03—30	2005	03—09	
		大叶黄杨展叶盛期	02—22	2021	03—26	2012	03—10	
	中旬	红花檵木芽开放期	04—24	2007	104—01	2012	03—11	
		山茶花芽膨大期	01—20	2020	04—03	2006	03—11	
		海桐芽开放期	02—04	2007	03—31	2012	03—11	
		石楠始展叶期	02—28	2007	03—25	2005	03—12	

续表

月份和旬		物候现象	最早	最迟	平均	主要农事活动
			月—日 年	月—日 年	月—日	
3月	中旬	桂花始展叶期	02—19 2021	04—01 2012	03—13	
		红花檵木开花始期	02—19 2021	04—05 2005	03—13	
		豪猪刺开花盛期	02—26 2007	04—08 2005	03—13	
		含笑芽膨大期	02—06 2021	04—06 2012	03—13	
		大叶黄杨花序或花蕾出现期	02—19 2007	04—15 2011	03—14	
		湖北羊蹄甲芽膨大期	02—20 2021	04—05 2005	03—15	
		石楠展叶盛期	03—01 2007	04—01 2005	03—16	
		栀子花序或花蕾出现期	03—28 2004	04—29 2010	03—16	
		杜鹃花序或花蕾出现期	01—30 2021	04—09 2012	03—17	
		野迎春花展叶盛期	02—24 2009	04—06 2012	03—17	
		夹竹桃芽开放期	02—28 2021	04—02 2006	03—18	
		豪猪刺芽膨大期	03—06 2007	03—31 2017	03—18	
		红花檵木始展叶期	02—28 2007	04—09 2012	03—19	
		海桐始展叶期	02—25 2004	04—07 2012	03—19	
		桂花展叶盛期	02—24 2021	04—06 2012	03—19	
		野迎春花开花盛期	02—27 2003	04—06 2012	03—20	
	下旬	豪猪刺芽开放期	03—01 2010	04—03 2017	03—21	抢晴晒稻种、棉籽，选稻、棉种，耕耙田地、做秧田、播种早稻
		杜鹃始展叶期	02—24 2019	04—05 2005	03—22	
		海桐花序或花蕾出现期	03—04 2007	04—08 2005	03—22	
		红花檵木开花盛期	02—26 2020	04—07 2005	03—22	
		丝兰始展叶期	02—13 2009	04—20 2010	03—23	
		豪猪刺果实脱落始期	03—13 2013	04—11 2008	03—24	
		湖北羊蹄甲芽开放期	02—25 2021	04—19 2004	03—25	
		红花檵木展叶盛期	03—03 2007	04—11 2012	03—26	
		海桐展叶盛期	03—09 2007	04—11 2003	03—26	
		油茶芽开放期	03—04 2007	04—06 2005	03—26	
		栀子花芽膨大期	03—03 2021	04—11 2011	03—26	
		含笑芽开放期	03—01 2003	04—11 2012	03—27	
		夹竹桃始展叶期	03—05 2021	04—16 2012	03—28	
		豪猪刺始展叶期	03—09 2007	04—10 2005	03—28	
		杜鹃展叶盛期	03—08 2021	04—09 2005	03—29	
		豪猪刺展叶盛期	02—17 2005	04—25 2006	03—29	

续表

月份和旬		物候现象	最早		最迟		平均	主要农事活动
			月一日	年	月一日	年	月一日	
3月	下旬	夹竹桃花序或花蕾出现期	03－05	2021	04－22	2011	03－29	
		山茶花芽开放期	03－03	2021	04－05	2005	03－29	
		湖北羊蹄甲始展叶期	03－20	2021	04－16	2007	03－31	
		油茶始展叶期	03－14	2013	04－10	2017	03－31	
		石楠开花始期	03－20	2021	04－13	2005	03－31	
		豪猪刺开花末期	03－21	2007	04－12	2005	03－31	
4月	上旬	含笑开花始期	02－20	2020	04－20	2012	04－01	4月初移栽烤烟
		杜鹃开花始期	03－06	2021	04－12	2012	04－02	
		含笑始展叶期	03－27	2007	04－16	2012	04－04	
		油茶展叶盛期	03－17	2013	04－18	2017	04－04	
		石楠开花盛期	03－28	2021	04－17	2005	04－04	
		山茶花始展叶期	03－24	2020	04－20	2012	04－04	
		栀子花芽开放期	03－06	2021	04－21	2010	04－05	
		湖北羊蹄甲展叶盛期	03－23	2019	04－18	2007	04－06	
		夹竹桃展叶盛期	03－13	2021	04－20	2006	04－08	
		含笑开花盛期	02－26	2020	04－25	2012	04－08	
		桂花果实成熟期	10－15	2007	04－22	2011	04－08	
		含笑展叶盛期	03－19	2020	04－20	2012	04－10	
		丝兰展叶盛期	03－09	2013	05－03	2011	04－10	
	中旬	杜鹃开花盛期	03－31	2021	04－24	2019	04－11	4月15日播种花生。4月16日翻耕大田、准备栽早稻。4月19日棉花播种
		山茶花展叶盛期	03－29	2020	04－24	2012	04－11	
		金丝桃花序或花蕾出现期	03－25	2021	04－29	2005	04－12	
		红花檵木开花末期	03－28	2020	04－24	2012	4－13	
		海桐开花始期	04－05	2020	04－27	2012	04－15	
		石楠开花末期	04－09	2018	04－23	2005	04－15	
		栀子花始展叶期	03－30	2006	04－29	2010	04－16	
		山茶花开花末期	03－28	2021	04－23	2005	04－16	
		丝兰花序或花蕾出现期	01－26	2019	05－05	2017	04－19	
		海桐开花盛期	04－11	2019	05－01	2012	04－20	
	下旬	栀子花叶盛期	04－02	2006	05－09	2021	04－21	4月21日早稻插秧
		豪猪刺果实脱落末期	04－07	2018	05－12	2011	04－22	
		湖北羊蹄甲花序或花蕾出现期	04－11	2013	05－04	2019	04－23	
		野迎春花开花末期	04－13	2021	05－05	2005	04－25	
		杜鹃开花末期	04－23	2021	05－05	2005	04－27	

续表

月份和旬		物候现象	最早	最迟	平均	主要农事活动
			月一日　年	月一日　年	月一日	
5月	上旬	丝兰开花始期	04—25　2018	05—09　2010	05—03	5月3日开始水稻、棉花田间管理；收割油菜，收摘蚕豆、豌豆
		海桐开花末期	04—27　2019	05—13　2005	05—04	
		桂花果实脱落末期	04—06　2021	05—18　2019	05—08	
		丝兰开花盛期	05—02　2004	05—24　2017	05—08	
		夹竹桃开花始期	04—30　2004	05—22　2010	05—09	
		含笑开花末期	03—07　2019	09—05　2017	05—10	
	中旬	湖北羊蹄甲开花始期	05—05　2018	05—17　2003	05—13	
		金丝桃开花始期	01—01　2015	05—22　2010	05—15	
		湖北羊蹄甲开花盛期	05—10　2018	05—25　2021	05—18	
		金丝桃芽膨大期	01—04　2012	11—14　2015	05—18	
		夹竹桃开花盛期	05—08　2017	06—26　2021	05—19	
	下旬	金丝桃开花盛期	05—15　2009	05—29　2012	05—21	5月底烤烟始收
		大叶黄杨开花始期	05—19　2020	06—04　2005	05—27	
		丝兰开花末期	05—15　2018	06—16　2017	05—27	
		栀子花开花始期	05—18　2006	06—03　2015	05—28	
		栀子花开花盛期	05—20　2007	06—15　2021	05—31	
6月	上旬	大叶黄杨开花盛期	05—18　2020	06—07　2011	06—01	
		杜鹃果实脱落始期	05—30　2010	06—29　2009	06—08	
		杜鹃果实成熟期	06—03　2007	07—05　2009	06—10	
	中旬	金丝桃开花末期	04—12　2015	06—23　2008	06—12	二季晚稻播种育秧、棉花整枝
	下旬	大叶黄杨开花末期	06—08　2018	07—01　2012	06—22	
		栀子花开花末期	06—01　2018	07—02　2010	06—22	
		湖北羊蹄甲开花末期	06—05　2007	07—04　2010	06—25	
		山茶花序或花蕾出现期	05—30　2010	09—15　2020	06—26	
7月	中旬	杜鹃果实脱落末期	06—28　2006	09—07　2004	07—20	早稻收割、抢栽二季晚稻
	下旬	油茶花序或花蕾出现期	03—09　2003	09—28　2013	07—28	
		含笑花序或花蕾出现期	05—22　2006	02—16　2019	07—29	
8	中旬	湖北羊蹄甲果实成熟期	07—26　2020	09—24　2013	08—19	花生采收
9月	上旬	大叶黄杨果实脱落始期	06—24　2010	12—05　2004	09—08	二季晚稻田中撒播紫云英；准备收割晚稻，油菜播种，摘棉花
	中旬	桂花花序或花蕾出现期	08—27　2018	10—07　2007	09—16	
		湖北羊蹄甲果实脱落始期	07—26　2008	10—08　2005	09—16	

续表

月份和旬		物候现象	最早	最迟	平均	主要农事活动
			月一日 年	月一日 年	月一日	
9月	下旬	桂花开花始期	02—15 2007	10—15 2021	09—26	
		红花檵木果实脱落始期	08—25 2020	11—18 2015	09—28	
		桂花开花盛期	02—26 2007	10—25 2021	09—30	
10月	上旬	石楠果实脱落始期	09—12 2006	11—05 2011	10—01	
	中旬	红花檵木果实成熟期	08—29 2020	11—25 2015	10—11	
		桂花开花末期	03—06 2007	11—04 2021	10—13	
	下旬	含笑果实成熟期	08—27 2005	11—24 2004	10—25	15月25日开始收割二季晚稻、采摘棉花、冬作物播种；加强冬作物田间管理
		油茶果实脱落始期	08—30 2005	11—12 2008	10—27	
		油茶果实成熟期	10—03 2006	11—17 2003	10—30	
		湖北羊蹄甲果实脱落末期	09—22 2007	12—24 2017	10—31	
11月	上旬	油茶开花始期	10—07 2004	11—28 2021	11—01	11月10日继续收割二季晚稻，完成冬作物播种和田间管理
		含笑果实脱落始期	08—25 2005	11—29 2020	11—03	
		油茶开花盛期	10—19 2004	12—05 2021	11—08	
		海桐果实成熟期	10—18 2003	11—27 2018	11—08	
		石楠果实成熟期	10—27 2020	11—26 2006	11—10	
	中旬	海桐果实脱落始期	10—22 2008	12—10 2013	11—13	
		夹竹桃开花末期	09—03 2021	12—21 2004	11—16	
		大叶黄杨果实脱落末期	07—19 2010	02—23(来年) 2005	11—18	
	下旬	含笑果实脱落末期	10—15 2005	12—21 2020	11—29	冬翻空闲田，进行农田基本建设
12月	上旬	油茶开花末期	10—27 2004	12—20 2017	12—01	
		石楠果实脱落末期	11—13 2012	12—14 2010	12—05	
	中旬	大叶黄杨果实成熟期	11—27 2004	12—20 2020	12—11	
	下旬	油茶果实脱落末期	11—04 2015	04—11(来年) 2013	12—25	进行农田基本建设和田间管理

表 2.12 江西南昌地区 14 种落叶灌木自然历(2002—2023 年)

月份和旬		物候现象	最早	最迟	平均	主要农事活动
			月一日 年	月一日 年	月一日	
1月	上旬	丝棉木叶全变色期	12—07 2011	01—31(来年) 2016	01—07	1月9日开始准备烤烟大棚育苗
		金钟花落叶末期	12—27 2010	01—25(来年) 2008	01—09	
	中旬	蜡梅落叶末期	12—31 2012	02—10(来年) 2018	01—20	
	下旬	木瓜芽膨大期	12—27 2010	03—01(来年) 2005	01—23	
		红叶李落叶末期	11—15 2021	02—10(来年) 2008	01—24	

续表

月份和旬		物候现象	最早	最迟	平均	主要农事活动
			月一日 年	月一日 年	月一日	
2月	上旬	丝棉木落叶末期	01—19 2004	03—29 2012	02—09	兴修水利、大搞农田基本建设
	中旬	蜡梅开花末期	01—24 2015	03—03 2005	02—16	紫云英田排水、小麦中耕、三类苗追肥
		红叶李芽膨大期	02—06 2021	03—13 2012	02—20	
		金钟花芽膨大期	01—28 2007	03—03 2014	02—20	
	下旬	木瓜芽开放期	01—26 2007	03—14 2005	02—21	
		金钟花花序或花蕾出现期	02—05 2013	03—13 2012	02—21	
		丝棉木芽膨大期	02—02 2014	03—19 2005	02—22	
		丝棉木果实脱落末期	12—18 2010	05—18(来年) 2008	02—22	
		红叶李花序或花蕾出现期	02—08 2017	03—23 2014	02—23	
		蜡梅芽膨大期	01—26 2020	03—26 2012	02—27	
		红叶李芽开放期	02—10 2021	03—19 2012	02—27	
		金钟花开花始期	02—01 2019	03—21 2012	02—27	
3月	上旬	金钟花芽开放期	02—18 2007	03—24 2012	03—02	3月初开始小麦、油菜田间管理，做好早稻播种前准备工作
		丝棉木芽开放期	02—13 2009	03—25 2012	03—02	
		紫荆花序或花蕾出现期	01—30 2003	03—26 2012	03—03	
		紫荆芽膨大期	02—10 2007	03—23 2012	03—03	
		红叶李开花始期	02—20 2021	03—27 2005	03—04	
		红叶李始展叶期	02—13 2021	03—23 2012	03—05	
		羽毛枫芽膨大期	02—17 2021	03—23 2012	03—06	
		金钟花开花盛期	02—20 2007	03—25 2012	03—07	
		木芙蓉芽膨大期	02—22 2004	03—17 2008	03—08	
		金钟花始展叶期	02—20 2021	03—27 2012	03—08	
		丝棉木始展叶期	02—17 2009	03—29 2012	03—08	
		木瓜始展叶期	02—12 2021	03—26 2005	03—08	
		紫荆芽开放期	02—22 2021	03—29 2012	03—10	
		红叶李展叶盛期	02—19 2021	03—27 2012	03—10	
		红叶李开花盛期	02—24 2021	03—29 2005	03—10	
	中旬	二乔玉兰芽膨大期	02—06 2007	03—28 2012	03—11	
		木槿芽膨大期	02—24 2004	03—30 2005	03—11	
		丝棉木花序或花蕾出现期	02—13 2009	03—26 2005	03—11	
		红叶碧桃芽膨大期	02—04 2019	03—22 2015	03—12	
		蜡梅芽开放期	02—18 2021	03—28 2012	03—12	

续表

月份和旬		物候现象	最早	最迟	平均	主要农事活动
			月一日 年	月一日 年	月一日	
3月	中旬	金钟花展叶盛期	02—23 2021	03—31 2012	03—12	
		丝棉木展叶盛期	02—22 2021	04—01 2005	03—12	
		木瓜花序或花蕾出现期	02—27 2009	04—05 2005	03—14	
		二乔玉兰开花盛期	02—06 2007	04—03 2005	03—15	
		木芙蓉果实脱落末期	03—13 2007	04—04 2006	03—15	
		木瓜展叶盛期	02—19 2021	04—01 2005	03—15	
		红叶碧桃花序或花蕾出现期	02—27 2004	04—01 2005	03—16	
		二乔玉兰开花始期	02—22 2021	04—04 2004	03—16	
		紫荆始展叶期	02—24 2021	03—31 2005	03—17	
		紫荆开花始期	02—27 2003	04—02 2005	03—17	
		蜡梅始展叶期	02—22 2021	03—31 2012	03—17	
		木芙蓉芽开放期	03—09 2007	04—03 2005	03—18	
		二乔玉兰芽开放期	03—09 2007	04—01 2012	03—20	
	下旬	羽毛枫芽开放期	02—28 2021	04—01 2012	03—21	3月25开始抢晴晒稻种、棉籽，选稻、棉种，耕耙田地，做秧田，播种早稻
		羽毛枫花序或花蕾出现期	03—13 2021	04—01 2015	03—22	
		红叶李开花末期	02—28 2021	04—07 2005	03—22	
		二乔玉兰始展叶期	02—24 2021	04—03 2005	03—23	
		木瓜开花始期	03—03 2007	04—06 2005	03—23	
		紫荆开花盛期	03—04 2007	04—05 2005	03—23	
		蜡梅展叶盛期	02—24 2021	04—06 2012	03—24	
		木槿芽开放期	03—11 2004	04—05 2005	03—24	
		红叶碧桃芽开放期	03—12 2016	04—01 2005	03—24	
		红叶碧桃开花始期	03—14 2007	04—05 2005	03—24	
		羽毛枫始展叶期	03—13 2021	04—03 2012	03—25	
		紫荆展叶盛期	03—13 2021	04—06 2005	03—26	
		紫薇芽膨大期	03—13 2021	04—05 2005	03—27	
		木瓜开花盛期	03—14 2007	04—09 2005	03—27	
		金钟花开花末期	03—10 2021	04—08 2012	03—27	
		木槿始展叶期	03—18 2004	04—08 2005	03—28	
		羽毛枫展叶盛期	03—15 2021	04—06 2012	03—28	
		二乔玉兰展叶盛期	03—08 2021	04—09 2005	03—28	
		红叶碧桃开花盛期	03—19 2004	04—07 2005	03—28	

续表

月份和旬		物候现象	最早	最迟	平均	主要农事活动
			月—日　年	月—日　年	月—日	
3月	下旬	木槿果实脱落末期	12—05　2021	06—30(来年)　2014	03—28	
		红叶碧桃始展叶期	03—19　2010	04—06　2012	03—29	
		羽毛枫开花始期	03—18　2021	04—07　2012	03—29	
		紫薇芽开放期	03—20　2021	04—08　2005	03—31	
		二乔玉兰开花末期	03—15　2021	04—10　2009	03—31	
4月	上旬	木槿展叶盛期	03—25　2007	04—13　2005	04—01	4月初开始移栽烤烟
		羽毛枫开花盛期	03—23　2021	04—09　2012	04—01	
		紫薇始展叶期	03—27　2021	04—11　2011	04—03	
		红叶碧桃展叶盛期	03—21　2010	04—10　2012	04—03	
		木芙蓉展叶盛期	03—25　2007	04—20　2003	04—04	
		木瓜开花末期	03—26　2021	04—16　2005	04—05	
		紫薇展叶盛期	03—24　2020	04—17　2005	04—06	
		紫荆开花末期	03—31　2021	04—16　2005	04—07	
		羽毛枫开花末期	03—26　2021	04—13　2012	04—07	
	中旬	红叶碧桃开花末期	04—02　2013	04—21　2005	04—13	4月13日开始花生播种；4月18日开始翻耕大田、准备栽早稻
		紫荆果实脱落末期	12—17　2013	07—10(来年)　2006	04—18	
	下旬	红叶李果实脱落始期	04—07　2018	06—08　2015	04—21	4月21日开始播种棉花、早稻插秧
		蜡梅果实脱落末期	01—02　2006	07—11　2005	04—22	
		木槿花序或花蕾出现期	04—04　2003	05—20　2005	04—28	
		丝棉木开花始期	04—20　2014	05—03　2019	04—28	
5月	上旬	丝棉木开花盛期	04—26　2014	05—08　2003	05—02	水稻、棉花田间管理，收割油菜，收摘蚕豆、豌豆
	中旬	丝棉木开花末期	05—11　2007	05—22　2010	05—17	
6月	上旬	木槿开花始期	05—22　2015	06—24　2010	06—01	6月初烤烟始收
		红叶李果实成熟期	05—26　2015	07—07　2019	06—01	
		丝棉木果实脱落始期	05—19　2011	07—29　2004	06—02	
		木槿开花盛期	05—29　2015	07—01　2010	06—10	
	中旬	红叶碧桃果实脱落始期	04—24　2018	08—14　2004	06—12	6月15日左右二季晚稻播种育秧、棉花整枝
		红叶李果实脱落末期	06—09　2017	07—06　2015	06—12	
		红叶李开始落叶期	03—30　2018	10—11　2020	06—12	
		蜡梅果实成熟期	05—26　2020	08—23　2003	06—16	

续表

月份和旬		物候现象	最早		最迟		平均	主要农事活动
			月—日	年	月—日	年	月—日	
6月	中旬	二乔玉兰花序或花蕾出现期	05—05	2008	03—12	2019	06—18	
	下旬	紫薇花序或花蕾出现期	04—03	2021	07—29	2004	06—22	
		蜡梅果实脱落始期	04—29	2004	10—18	2014	06—27	
		红叶碧桃开始落叶期	04—20	2014	09—06	2008	06—30	
7月	中旬	红叶碧桃果实成熟期	05—14	2007	07—28	2005	07—11	7月11日左右早稻收割、抢栽二季晚稻。7月17日烤烟收毕
		紫薇果实脱落末期	03—03	2012	09—29	2013	07—12	
		羽毛枫果实脱落始期	05—27	2012	09—21	2016	07—13	
		紫薇开花始期	06—11	2020	08—06	2004	07—17	
	下旬	紫荆开始落叶期	05—12	2010	11—23	2019	07—23	
		紫薇开花盛期	06—26	2020	08—24	2004	07—28	
		蜡梅开始落叶期	04—20	2014	12—20	2020	07—29	
8月	上旬	木芙蓉开始落叶期	06—07	2005	11—18	2004	08—03	
	中旬	羽毛枫果实成熟期	07—18	2013	09—11	2021	08—18	
	下旬	木槿开始落叶期	05—26	2011	12—16	2021	08—21	8月21日开始花生采收
		红叶碧桃叶开始变色期	06—12	2008	11—16	2019	08—25	
9月	上旬	紫荆叶开始变色期	07—03	2005	12—13	2016	09—03	9月8日开始二季晚稻田中撒播紫云英、准备收割晚稻、油菜播种、摘棉花
		紫荆果实成熟期	08—10	2018	09—30	2003	09—04	
		木芙蓉花序或花蕾出现期	08—03	2003	09—15	2006	09—08	
	中旬	紫荆果实脱落始期	08—03	2011	10—07	2006	09—11	
		木瓜开始落叶期	06—27	2018	11—06	2021	09—14	
		二乔玉兰开始落叶期	06—18	2010	12—20	2004	09—15	
		紫薇开始落叶期	06—25	2016	12—01	2019	09—15	
		红叶碧桃果实脱落末期	08—17	2019	10—19	2015	09—17	
		二乔玉兰果实脱落始期	06—27	2004	10—10	2013	09—18	
		二乔玉兰果实成熟期	108—01	2015	10—08	2010	09—19	
	下旬	金钟花开始落叶期	05—27	2012	12—01	2019	09—22	
		红叶李叶开始变色期	07—20	2015	12—01	2018	09—24	
		二乔玉兰叶开始变色期	08—22	2018	10—26	2019	09—27	
		丝棉木开始落叶期	04—14	2009	12—11	2019	09—28	
10月	上旬	红叶碧桃叶全变色期	07—23	2004	11—27	2018	10—03	
		紫薇开花末期	09—17	2008	10—24	2018	10—05	
	中旬	蜡梅花序或花蕾出现期	08—20	2003	11—28	2021	10—13	

续表

月份和旬		物候现象	最早	最迟	平均	主要农事活动
			月—日　年	月—日　年	月—日	
10月	中旬	二乔玉兰果实脱落末期	08—17　2015	11—10　2019	10—14	10月16日开始收割二季晚稻、采摘棉花。冬作物播种、加强冬作物田间管理
		木芙蓉开花始期	10—07　2008	10—22　2003	10—16	
		木槿开花末期	01—16　2004	10—30　2003	10—17	
	下旬	木瓜叶开始变色期	09—12　2004	11—16　2019	10—22	
		木芙蓉开花盛期	10—16　2005	10—28　2003	10—23	
		木槿果实脱落始期	07—03　2005	12—21　2015	10—23	
		金钟花叶开始变色期	09—29　2016	11—13　2021	10—27	
		羽毛枫开始落叶期	09—07　2010	12—01　2019	10—28	
		紫薇果实脱落始期	07—20　2019	12—04　2012	10—28	
		丝棉木果实成熟期	10—03　2020	11—12　2006	10—29	
		紫薇叶开始变色期	09—08　2004	11—26　2006	10—29	
		紫薇果实成熟期	08—29　2020	11—21　2013	10—30	
11月	上旬	蜡梅叶开始变色期	09—06　2018	12—09　2016	11—03	11月6日继续收割二季晚稻、完成冬作物播种和加强田间管理
		木槿叶开始变色期	07—29　2004	12—14　2021	11—04	
		红叶李叶全变色期	09—07　2016	12—07　2019	11—04	
		羽毛枫叶开始变色期	09—11　2018	11—21　2013	11—05	
		木槿果实成熟期	09—29　2015	12—18　2004	11—06	
	中旬	红叶碧桃落叶末期	09—24　2008	12—28　2004	11—15	
		木芙蓉开花末期	11—04　2006	11—30　2009	11—17	
	下旬	二乔玉兰叶全变色期	10—31　2020	12—18　2004	11—23	11月29日冬翻空闲田、进行农田基本建设
		羽毛枫叶全变色期	11—18　2010	12—07　2019	11—27	
		紫薇叶全变色期	10—18　2003	12—26　2007	11—28	
		丝棉木叶开始变色期	10—30　2017	01—02　2006	11—29	
12月	上旬	紫荆叶全变色期	10—06　2012	01—03　2005	12—02	
		木瓜叶全变色期	11—11　2010	12—19　2017	12—03	
		羽毛枫落叶末期	01—05　2019	12—29　2020	12—05	
		金钟花叶全变色期	10—12　2006	12—26　2014	12—07	
		木芙蓉果实脱落始期	10—31　2005	12—21　2006	12—10	
		木槿叶全变色期	11—20　2003	12—30　2011	12—10	
	中旬	二乔玉兰落叶末期	11—28　2021	01—03　2005	12—11	
		木芙蓉叶开始变色期	12—10　2007	12—29　2005	12—16	

续表

月份和旬		物候现象	最早	最迟	平均	主要农事活动
			月—日　年	月—日　年	月—日	
12月	中旬	紫薇落叶末期	11—11　2003	01—05　2022	12—16	
		蜡梅开花始期	12—05　2013	01—02　2020	12—17	
		羽毛枫果实脱落末期	09—29　2015	03—09　2019	12—18	
	下旬	木槿落叶末期	12—04　2006	01—04(来年)　2012	12—21	12月28日开始农田基本建设、田间管理
		木芙蓉果实成熟期	12—10　2004	01—04(来年)　2007	12—23	
		木芙蓉叶全变色期	12—16　2008	01—04(来年)　2007	12—23	
		蜡梅叶全变色期	12—10　2009	01—11(来年)　2005	12—24	
		木瓜落叶末期	12—13　2005	01—18(来年)　2011	12—28	
		木芙蓉落叶末期	12—12　2005	01—12(来年)　2007	12—28	
		蜡梅开花盛期	12—18　2015	01—09(来年)　2022	12—30	
		紫荆落叶末期	03—08　2004	01—19(来年)　2021	12—31	

表 2.13　江西南昌地区 10 种常绿针叶植物自然历(2002—2023 年)

月份和旬		物候现象	最早	最迟	平均	主要农事活动
			月—日　年	月—日　年	月—日	
1月	中旬	罗汉松花序或花蕾出现期	06—26　2010	04—26　2004	01—16	烤烟大棚育苗
2月	中旬	湿地松花序或花蕾出现期	11—04　2011	03—27　2019	02—13	兴修水利、大搞农田基本建设、紫云英田排水、小麦中耕、三类苗追肥
		日本柳杉开花始期	02—06　2013	03—06　2005	02—17	
	下旬	圆柏开花始期	02—07　2015	03—17　2012	02—21	
		柳杉开花始期	02—06　2021	03—13　2012	02—22	
		日本柳杉开花盛期	02—10　2021	03—12　2012	02—23	
		侧柏开花始期	02—10　2021	03—18　2012	02—25	
		圆柏开花盛期	02—10　2010	03—19　2012	02—25	
		火炬松花序或花蕾出现期	01—10　2006	04—01　2012	02—28	
3月	上旬	侧柏开花盛期	02—12　2010	03—20　2012	03—01	小麦、油菜田间管理，做好早稻播种前的准备工作
		柳杉开花盛期	02—18　2009	03—24　2003	03—02	
		侧柏开花末期	02—24　2009	03—25　2012	03—09	
		圆柏开花末期	03—01　2003	03—26　2012	03—10	
	中旬	圆柏芽膨大期	03—01　2007	03—31　2012	03—12	
		日本柳杉开花末期	02—26　2021	03—19　2011	03—12	
		柳杉开花末期	03—01　2004	03—23　2012	03—13	
		杉木开花始期	03—01　2007	04—01　2005	03—14	

续表

月份和旬		物候现象	最早	最迟	平均	主要农事活动
			月—日 年	月—日 年	月—日	
3月	中旬	侧柏芽膨大期	03—04 2010	03—31 2005	03—15	
		杉木开花盛期	03—03 2007	05—01 2019	03—19	
		湿地松开花始期	02—20 2007	05—01 2019	03—20	
	下旬	湿地松开花盛期	02—26 2007	04—06 2005	03—21	3月26日开始抢晴晒稻种、棉籽，选稻、棉种。耕耙田地、做秧田、播种早稻。3月31日左右开始移栽烤烟
		日本柳杉芽膨大期	02—20 2020	04—08 2005	03—22	
		湿地松芽膨大期	03—06 2007	04—12 2010	03—24	
		火炬松芽膨大期	03—05 2004	04—12 2005	03—24	
		圆柏芽开放期	03—10 2010	04—07 2006	03—24	
		火炬松开花始期	03—15 2021	04—08 2005	03—25	
		湿地松开花末期	03—06 2007	04—08 2005	03—26	
		杉木开花末期	03—10 2007	04—12 2011	03—27	
		侧柏果实脱落末期	12—27 2010	06—22(来年) 2007	03—27	
		火炬松开花盛期	03—18 2016	04—09 2005	03—28	
		柳杉芽膨大期	03—02 2004	04—18 2011	03—29	
		侧柏芽开放期	03—10 2010	04—08 2005	03—29	
		罗汉松芽膨大期	02—22 2004	04—14 2006	03—30	
		圆柏始展叶期	03—18 2009	04—21 2016	03—31	
4月	上旬	杉木芽膨大期	03—02 2009	04—13 2012	04—02	
		火炬松开花末期	03—24 2009	04—13 2012	04—02	
		侧柏始展叶期	03—16 2009	05—03 2006	04—06	
		日本柳杉芽开放期	03—03 2020	04—24 2010	04—07	
		湿地松芽开放期	03—17 2016	04—23 2005	04—07	
		火炬松芽开放期	03—16 2004	04—19 2011	04—07	
		罗汉松芽开放期	03—01 2003	04—20 2015	04—09	
	中旬	圆柏展叶盛期	03—28 2003	04—29 2018	04—12	4月15日播种花生，4月16日翻耕大田、准备栽早稻。4月19日开始棉花播种
		柳杉芽开放期	03—05 2004	04—27 2003	04—15	
		火炬松始展叶期	03—19 2004	04—29 2005	04—16	
		杉木芽开放期	03—30 2004	04—23 2010	04—16	
		侧柏展叶盛期	03—29 2009	06—01 2004	04—18	
		日本柳杉始展叶期	03—12 2019	05—03 2005	04—19	
	下旬	湿地松始展叶期	04—03 2007	04—29 2005	04—21	4月21日开始早稻插秧
		杉木始展叶期	04—02 2004	04—28 2010	04—22	
		火炬松展叶盛期	04—07 2007	05—03 2005	04—23	
		柳杉始展叶期	03—28 2020	05—05 2005	04—25	
		罗汉松始展叶期	04—15 2014	05—05 2005	04—25	

续表

月份和旬		物候现象	最早 月—日 年	最迟 月—日 年	平均 月—日	主要农事活动
4月	下旬	日本柳杉展叶盛期	02—19 2021	05—06 2005	04—28	
		湿地松展叶盛期	04—07 2007	05—15 2019	04—29	
		杉木展叶盛期	04—19 2007	05—04 2004	04—29	
		罗汉松展叶盛期	04—18 2013	05—11 2003	04—30	
5月	上旬	柳杉展叶盛期	04—14 2019	05—14 2007	05—02	水稻棉花田间管理、收割油菜，收摘蚕豆、豌豆
		罗汉松开花始期	04—29 2014	05—15 2017	05—06	
		圆柏果实脱落末期	12—15 2008	10—31(来年) 2011	05—07	
	中旬	罗汉松开花盛期	05—02 2018	05—18 2017	05—12	
	下旬	罗汉松开花末期	05—13 2018	05—27 2017	05—21	
7月	中旬	罗汉松果实脱落始期	05—10 2007	09—02 2017	07—12	早稻收割
	下旬	火炬松果实脱落末期	07—01 2013	10—31 2017	07—23	烤烟收毕
8月	上旬	圆柏花序或花蕾出现期	06—15 2017	10—07 2007	08—04	
		日本柳杉花序或花蕾出现期	06—24 2020	09—17 2007	08—05	
	中旬	罗汉松果实成熟期	06—21 2005	09—18 2006	08—13	花生采收
	下旬	湿地松果实成熟期	07—04 2012	10—10 2009	08—30	
9月	上旬	柳杉花序或花蕾出现期	07—12 2012	09—22 2008	09—04	
	中旬	柳杉果实脱落末期	04—12 2006	11—28 2017	09—16	准备收割晚稻、油菜播种、采摘棉花
	下旬	火炬松果实成熟期	07—04 2012	11—08 2017	09—26	
		圆柏果实脱落始期	07—24 2011	12—31 2004	09—24	
10月	上旬	侧柏果实脱落始期	09—03 2013	11—07 2005	10—08	
	中旬	湿地松果实脱落始期	10—08 2016	11—13 2013	10—13	10月17日开始收割二季晚稻、采摘棉花、冬作物播种、加强冬作物田间管理
		侧柏果实成熟期	07—01 2020	11—05 2015	10—14	
		湿地松果实脱落末期	07—20 2015	12—08 2012	10—17	
	下旬	罗汉松果实脱落末期	08—30 2015	11—18 2007	10—21	
		杉木花序或花蕾出现期	08—30 2004	02—01(来年) 2013	10—28	
11月	上旬	火炬松果实脱落始期	07—19 2010	11—27 2013	11—01	
		圆柏果实成熟期	09—26 2011	11—20 2015	11—01	
		杉木果实脱落末期	01—03 2005	11—23 2017	11—04	
	中旬	日本柳杉果实脱落始期	08—22 2021	12—18 2011	11—13	继续收割二季晚稻、完成冬作物播种和田间管理
		日本柳杉果实脱落末期	06—08 2013	05—28(来年) 2017	11—17	
		日本柳杉果实成熟期	10—08 2021	03—07(来年) 2018	11—20	
12月	下旬	侧柏花序或花蕾出现期	08—29 2009	02—25(来年) 2014	12—22	冬翻空闲田、进行农田基本建设
		杉木果实成熟期	10—21 2017	12—18 2013	11—23	
		柳杉果实成熟期	10—20 2003	12—18 2010	11—25	

表 2.14　江西南昌地区 2 种落叶针叶植物自然历(2002—2023 年)

月份和旬		物候现象	最早	最迟	平均	主要农事活动
			月—日　年	月—日　年	月—日	
1 月	下旬	金钱松果实脱落末期	12—09　2009	05—21(来年)　2016	01—23	
3 月	中旬	金钱松花序或花蕾出现期	01—17　2021	04—01　2012	03—11	
		水杉开花始期	02—24　2009	03—29　2010	03—11	
		水杉开花盛期	02—26　2009	03—31　2010	03—16	
		金钱松芽膨大期	02—03　2021	10—04　2016	03—17	
		水杉芽膨大期	02—17　2021	03—31　2005	03—17	
		水杉开花末期	03—10　2019	04—02　2010	03—20	
	下旬	水杉芽开放期	03—06　2021	04—06　2012	03—24	抢晴晒稻种、棉籽，选稻、棉种；耕耙田地、做秧田、播种早稻
		金钱松芽开放期	03—15　2020	04—05　2005	03—27	
		水杉始展叶期	03—15　2021	04—07　2012	03—28	
		金钱松开花始期	03—18　2021	04—07　2012	03—31	
4 月	上旬	水杉展叶盛期	03—20　2021	04—09　2005	04—01	4 月 1 日左右移栽烤烟
		金钱松始展叶期	03—01　2007	04—07　2011	04—01	
		金钱松开花盛期	03—25　2021	04—09　2008	04—03	
		金钱松展叶盛期	03—28　2020	04—17　2005	04—07	
		金钱松开花末期	03—28　2021	04—14　2003	04—08	
9 月	下旬	金钱松开始落叶期	08—09　2010	11—16　2019	09—24	
10 月	上旬	水杉开始落叶期	08—15　2011	11—26　2003	10—08	开始收割二季晚稻、采摘棉花、冬作物播种、加强冬作物田间管理
		金钱松果实脱落始期	07—04　2010	12—01　2019	10—10	
		水杉果实脱落始期	09—07　2016	11—04　2015	10—10	
		水杉果实成熟期	09—11　2013	11—11　2010	10—11	
		水杉叶开始变色期	08—03　2013	11—16　2019	10—15	
		金钱松叶开始变色期	09—15　2003	11—14　2018	10—19	
11 月	中旬	金钱松果实成熟期	10—23　2006	11—23　2019	11—14	继续收割二季晚稻、完成冬作物播种和田间管理
		金钱松叶全变色期	10—31　2003	12—01　2007	11—17	
		水杉花序或花蕾出现期	08—02　2015	03—13　2012	11—19	
	下旬	水杉叶全变色期	10—19　2006	12—21　2004	11—25	冬翻空闲田、进行农田基本建设
12 月	上旬	金钱松落叶末期	11—05　2010	12—28　2021	12—05	
	中旬	水杉果实脱落末期	11—03　2014	12—24　2013	12—13	
	下旬	水杉落叶末期	12—02　2010	01—23(来年)　2005	12—28	农田基本建设、田间管理

表 2.15 江西南昌地区 7 种果树自然历(2002—2023 年)

月份和旬		物候现象	最早	最迟	平均	主要农事活动
			月—日 年	月—日 年	月—日	
1 月	上旬	枇杷开花末期	12—04 2010	03—15(来年) 2020	01—04	
2 月	上旬	枇杷芽膨大期	01—20 2020	03—09 2012	02—08	
	下旬	枇杷芽开放期	02—01 2019	03—12 2012	02—21	
3 月	上旬	枇杷始展叶期	02—12 2021	03—27 2012	03—04	小麦、油菜田间管理,做好早稻播种前的准备工作
		柿芽膨大期	02—12 2021	03—18 2012	03—06	
		桃芽膨大期	02—14 2021	03—19 2005	03—07	
		桃花序或花蕾出现期	02—20 2021	03—24 2005	03—09	
	中旬	柑橘芽膨大期	02—12 2021	04—03 2005	03—11	
		桃芽开放期	02—20 2021	03—28 2012	03—15	
		枇杷展叶盛期	02—22 2021	04—16 2018	03—15	
		柿芽开放期	02—22 2021	04—01 2005	03—16	
		石榴芽膨大期	02—20 2021	04—01 2005	03—17	
		桃开花始期	02—24 2020	04—05 2005	03—17	
		柿始展叶期	02—24 2021	04—02 2012	03—19	
		柿花序或花蕾出现期	03—04 2007	04—03 2005	03—19	
		杨梅开花始期	02—27 2021	04—06 2005	03—20	
	下旬	桃始展叶期	02—25 2021	04—03 2005	03—21	3 月 27 日左右抢晴晒稻种、棉籽,选稻、棉种;耕耙田地、做秧田、播种早稻
		柑橘芽开放期	02—14 2021	04—05 2005	03—22	
		柿展叶盛期	02—28 2020	04—05 2011	03—22	
		柑橘花序或花蕾出现期	02—22 2021	04—06 2005	03—22	
		桃开花盛期	03—11 2013	04—08 2005	03—22	
		杨梅开花盛期	03—10 2021	06—24 2009	03—23	
		石榴芽开放期	02—24 2021	04—05 2005	03—25	
		桃展叶盛期	03—11 2020	04—08 2006	03—27	
		杨梅开花末期	03—18 2016	04—11 2005	03—28	
		柑橘始展叶期	02—25 2021	04—15 2003	03—31	
		石榴始展叶期	03—13 2021	04—09 2011	03—31	
4 月	上旬	杨梅芽膨大期	02—24 2009	04—12 2005	04—01	4 月 1 日左右移栽烤烟
		枣芽膨大期	03—18 2021	04—13 2012	04—03	
		桃开花末期	03—15 2021	04—24 2005	04—03	
		石榴展叶盛期	03—20 2021	04—11 2011	04—05	
		柑橘展叶盛期	03—06 2021	04—18 2003	04—06	
		枣芽开放期	03—20 2021	04—16 2012	04—08	
		杨梅芽开放期	03—30 2019	04—19 2010	04—09	
		石榴花序或花蕾出现期	03—31 2007	04—18 2003	04—10	

续表

月份和旬		物候现象	最早	最迟	平均	主要农事活动
			月—日　年	月—日　年	月—日	
4月	中旬	枣始展叶期	03—29　2020	04—20　2012	04—12	4月14日左右花生播种;4月16日左右翻耕大田、准备栽早稻;4月19日左右棉花播种
		杨梅始展叶期	04—01　2019	04—24　2010	04—14	
		柑橘开花始期	04—05　2021	04—24　2012	04—16	
		枣展叶盛期	04—04　2020	04—22　2010	04—17	
		柑橘开花盛期	04—11　2021	04—26　2010	04—19	
		杨梅展叶盛期	03—26　2020	04—27　2010	04—19	
	下旬	枣花序或花蕾出现期	04—11　2013	05—07　2005	04—23	4月23日左右早稻插秧
		柿开花始期	04—15　2007	04—30　2012	04—23	
		石榴开花始期	04—15　2018	05—03　2010	04—26	
		柿开花盛期	04—17　2007	05—02　2012	04—26	
		柑橘开花末期	04—19　2007	05—05　2003	04—28	
5月	上旬	石榴开花盛期	04—23　2007	05—20　2021	05—04	水稻棉花田间管理、收割油菜,收摘蚕豆、豌豆
		柿开花末期	04—25　2018	05—09　2013	05—04	
		枣开花始期	05—02　2007	05—19　2004	05—08	
	中旬	枣开花盛期	05—05　2007	05—22　2003	05—13	
		枇杷果实脱落始期	05—02　2018	05—28　2019	05—15	
		枇杷果实成熟期	05—04　2009	06—04　2006	05—16	
		桃果实脱落始期	04—22　2018	08—02　2003	05—20	
	下旬	杨梅果实脱落始期	04—29　2018	06—11　2010	05—28	
6月	上旬	石榴果实脱落末期	01—27　2017	10—06　2012	06—02	6月初烤烟始收
		杨梅果实成熟期	05—29　2007	06—15　2003	06—07	
		枇杷果实脱落末期	05—20　2021	07—27　2005	06—08	
		石榴开花末期	05—30　2005	10—18　2013	06—15	
	中旬	杨梅果实脱落末期	06—08　2015	06—25　2010	06—16	二季晚稻播种育秧、棉花整枝。早稻收割、抢栽二季晚稻
		枣开花末期	06—07　2005	07—04　2010	06—19	
	下旬	桃开始落叶期	04—26　2014	11—20　2019	06—30	
7月	上旬	石榴果实脱落始期	03—29　2020	10—07　2006	07—02	
		桃果实成熟期	06—05　2014	07—28　2005	07—08	
		石榴开始落叶期	05—02　2012	12—15　2019	07—08	
	中旬	柑橘果实脱落始期	04—26　2009	09—29　2014	07—16	
		枣果实脱落始期	06—19　2018	08—18　2021	07—16	
8月	上旬	石榴果实成熟期	07—02　2008	09—18　2006	08—07	
		枣果实成熟期	07—22　2007	08—24　2003	08—07	
	中旬	桃果实脱落末期	03—09　2006	11—16　2019	08—12	

续表

月份和旬		物候现象	最早	最迟	平均	主要农事活动
			月—日 年	月—日 年	月—日	
8月	下旬	柿果实脱落始期	06—11 2008	12—09 2003	08—21	8月21日左右花生采收
		柑橘果实脱落末期	01—17 2012	12—27 2010	08—27	
		枣开始落叶期	05—28 2012	10—26 2005	08—30	
9月	下旬	柿开始落叶期	06—26 2009	10—28 2003	09—22	
10月	上旬	柑橘果实成熟期	09—12 2005	10—20 2019	10—01	
		桃叶开始变色期	08—16 2016	11—17 2018	10—01	
		枇杷花序或花蕾出现期	09—04 2003	12—28 2019	10—03	
		柿果实成熟期	09—04 2007	10—18 2013	10—04	
		柿叶开始变色期	09—08 2009	11—02 2019	10—07	
	中旬	枣叶开始变色期	09—01 2003	11—05 2004	10—13	开始收割二季晚稻、采摘棉花、冬作物播种、加强作物田间管理
	下旬	柿叶全变色期	10—01 2012	11—17 2011	10—26	
		桃叶全变色期	09—19 2016	12—14 2019	10—31	
11月	中旬	石榴叶开始变色期	10—16 2020	12—04 2009	11—13	
		杨梅花序或花蕾出现期	08—25 2009	03—13 2003	11—15	
		枣叶全变色期	10—13 2006	12—01 2008	11—14	
		柿果实脱落末期	09—29 2008	12—25 2003	11—15	
		枣果实脱落末期	08—30 2003	12—26 2014	11—18	
		枇杷开花始期	03—01 2020	12—14 2008	11—19	
		石榴叶开始变色期	10—16 2020	12—04 2009	11—13	
		杨梅花序或花蕾出现期	08—25 2009	03—13 2003	11—15	
		枣叶全变色期	10—13 2006	12—01 2008	11—14	
		柿果实脱落末期	09—29 2008	12—25 2003	11—15	
		枣果实脱落末期	08—30 2003	12—26 2014	11—18	
		枇杷开花始期	03—01 2020	12—14 2008	11—19	
	下旬	柿落叶末期	10—31 2021	12—09 2009	11—24	冬翻空闲田、进行农田基本建设
12月	上旬	枣落叶末期	11—10 2020	12—20 2014	12—01	
		枇杷开花盛期	03—04 2020	12—30 2009	12—03	
		桃落叶末期	09—28 2016	01—04(来年) 2012	12—07	
	中旬	石榴叶全变色期	11—28 2017	12—23 2011	12—12	
	下旬	石榴落叶末期	12—12 2015	01—04(来年) 2012	12—23	农田基本建设、田间管理

表 2.16 江西南昌地区 6 种动物自然历(2002—2023 年)

月份和旬	物候现象	最早		最迟		平均
		月—日	年	月—日	年	月—日
1 月中旬	大杜鹃始鸣日期	01—01	2006	02—08	2017	01—20
2 月下旬	蜜蜂始见日期	01—05	2017	03—12	2015	02—23
3 月上旬	蝴蝶始见日期	02—13	2009	03—29	2012	03—05
3 月下旬	青蛙始鸣日期	02—28	2007	04—10	2020	03—21
4 月中旬	蟋蟀始鸣日期	03—21	2020	05—11	2003	04—15
6 月下旬	蚱蝉始鸣日期	06—05	2013	07—13	2002	06—24
9 月中旬	青蛙终鸣日期	08—07	2003	10—15	2005	09—11
9 月中旬	蚱蝉终鸣日期	08—28	2003	10—05	2019	09—18
11 月上旬	蝴蝶终见日期	10—02	2014	12—19	2008	11—10
11 月下旬	蜜蜂绝见日期	10—25	2015	12—26	2006	11—21
12 月上旬	蟋蟀终鸣日期	11—21	2018	12—14	2007	12—02
	大杜鹃终鸣日期	11—16	2002	12—31	2007	12—09

表 2.17 江西南昌地区 9 种气象水文自然历(2002—2023 年)

月份和旬	物候现象	最早		最迟		平均
		月—日	年	月—日	年	月—日
1 月上旬	霜冻发生日期	12—19	2006	01—09(来年)	2021	01—02
	严寒开始日期	12—19	2005	01—21(来年)	2002	01—05
1 月中旬	初雪开始日期	12—08	2018	02—27(来年)	2005	01—18
	初雾出现日期	01—01	2016	02—08	2008	01—20
2 月中旬	终雪结束日期	01—16	2019	03—12	2005	02—14
	春季第一声雷日期	01—07	2020	03—28	2002	02—16
	终霜日期	01—24	2019	03—14	2006	02—17
2 月下旬	春季第一次闪电日期	02—06	2005	03—20	2017	02—28
5 月下旬	冰雹出现日期	05—09	2020	06—10	2006	05—24
8 月上旬	虹出现日期	07—24	2006	08—12	2011	08—03
9 月下旬	最后一次闪电日期	08—15	2015	11—10	2018	09—27
11 月中旬	秋季或冬季最后一次雷日期	09—08	2003	12—15	2012	11—11
11 月下旬	最后一次雾出现日期	10—29	2018	12—31	2016	11—29
	初霜日期	10—29	2020	01—02(来年)	2003	11—30
12 月上旬	水面结冰日期	11—18	2009	12—26	2002	12—07

2.6 物候季节划分

按老一辈气候学家张宝堃先生提出的物候季节划分法，将物候观测所在地江西农业大学气象站和南昌市气象站历年气温进行物候季节划分，见表 2.18 和表 2.19。从表 2.18 和表 2.19 可见，夏、冬季长（夏季最长），春、秋季短（秋季最短）。江西农业大学气象站与南昌市气象站相差 10 km，江西农业大学气象站比南昌市气象站春季长 5 d，夏季长 7 d，秋季短 2 d，冬季短 10 a。经统计，南昌地区平均每 10 a 温度上升 0.24 ℃，这是促使植物生育期提前的一个重要原因。

表 2.18 2016—2022 年江西农业大学气象站物候季节划分表

季节	多年平均气温/℃	多年平均起止日期	经历天数/d
春季	10～22	2 月 25 日—5 月 5 日	70
夏季	＞22	5 月 6 日—10 月 5 日	153
秋季	22～10	10 月 6 日—11 月 30 日	56
冬季	＜10	12 月 1 日—2 月 24 日	86

表 2.19 1952—2020 年南昌市气象站物候季节划分表

季节	多年平均气温/℃	多年平均起止日期	经历天数/d
春季	10～22	3 月 9 日—5 月 12 日	65
夏季	＞22	5 月 13 日—10 月 5 日	146
秋季	22～10	10 月 6 日—12 月 2 日	58
冬季	＜10	12 月 3 日—3 月 8 日	96

参考文献

宛敏渭，刘秀珍，1979. 中国物候观测方法[M]. 北京：科学出版社.

3 植物物候期对气候生态因子的响应

用物候指示气候、季节和安排农时在我国已有两千多年的历史。物候是指植物为了适应气候条件的节律性变化而形成与此相应的植物发育节律。有关物候资料在农业生产上的应用，竺可桢先生用物候资料分析的“中国五千年来气候变迁的初步研究”开创了自然物候历应用研究的新局面。物候学科是一门古老的学科，曾一度因在预报农时、服务农业生产方面的独有特点而繁荣兴旺。随着现代科学技术的进步，先进的仪器替代了传统的物候学应用。物候学研究的鼎盛时期在国外持续到20世纪50年代，国内滞后到20世纪70—80年代，90年代以来，由于全球变暖的深入研究，生物物候现象作为全球变化最敏感、最精确的指示剂，其研究又重新焕发出生机。

自20世纪80年代以来，由于全球变暖，许多物候现象发生了明显变化，春季物候期提前，秋季物候期推迟。影响植物物候变化的因子很多，主要有生物因子和环境因子。生物因子包括物种和品种类型、生理控制等；环境因子包括光、温、水、气、风等。其中光、温、水是主要影响因子，尤其是温度因子最重要。温度升高物候期提前，温度降低物候期推迟。Sparks等(1995)认为，全球升温3.5 ℃，春季开花期可提前两周。Fitter等(1995)指出，英国中部月均温升高1 ℃，春季开花期约提前4 d。郑景云等(2002)、张福春(1983)认为，年均温上升1 ℃，春季物候期分别提前3.5 d、3.7 d，反之，则推迟8.8 d。这些研究结果具有高度的相似性。但不同地区、不同植物类型、不同海拔高度、不同天气影响，物候期差别是很大的。特别是异常年景，物候期反应更敏感。分析异常年份植物物候期早迟，对指导当地的农业生产有十分重要的意义。近年来，物候在人类生活及农、林业生产中的预报作用已被越来越多的研究证实，探讨物候对全球变暖的响应已成为物候研究的热点。

本研究从观测芽开始膨大期、叶芽开放期、开始展叶期、展叶盛期、花序或花蕾出现期、开花始期、开花盛期、开花末期、第二次开花期、果实成熟期、果实脱落开始期、果实脱落末期、叶开始变色期、叶全部变色期、开始落叶期、落叶末期16个生育期中选取始展叶期、始花期、果实成熟期、叶全部变色期和落叶末期5个生育期，统计物候期对气候生态因子的响应。各生育期资料均为2002—2023年22 a实测资料，气象资料取自所在地气象站历年观测资料。先统计出历年生育期天数(Y)，再选用每个生育期前两个月或同期的或冬季(12月—翌年2月)平均气温(X_1)、平均最高气温(X_2)、平均最低气温(X_3)、总日照时数(X_4)、总降雨量(X_5)、白天≥5 ℃有效积温或白天≥10 ℃有效积温(X_6)、夜间≥5 ℃有效积温或夜间≥10 ℃有效积温(X_7)，用SPSS软件(IBM SPSS Statistics 27.0.1版)统计这几个变量与生育期天数的相关系数，根据相关显著的变量X和Y建立线性回归方程，得出气候因子对各生育期长短影响程度。

3.1 植物始展叶期对气候生态因子的响应

3.1.1 落叶乔木始展叶期对气候生态因子的响应

36个落叶乔木的始展叶期与前两个月气候因子统计表明，有17个呈显著相关或极显著相关，见表3.1。根据显著相关或极显著相关建立回归方程，并作出响应程度解释，见表3.2。35个落叶乔木的始展叶期与同期气候因子统计表明，有29个呈显著相关或极显著相关，见表3.3。根据显著相关或极显著相关建立回归方程，并作出响应程度解释，见表3.4。

表3.1 落叶乔木始展叶期与前两个月气候因子的相关系数

落叶乔木	1—2月平均气温(X_1)	1—2月平均最高气温(X_2)	1—2月平均最低气温(X_3)	1—2月总日照时数(X_4)	1—2月总降雨量(X_5)	1—2月白天≥5 ℃有效积温(X_6)	1—2月夜间≥5 ℃有效积温(X_7)
1. 鹅掌楸	−0.543*	−0.483*	−0.519*	−0.390	−0.167	−0.554*	−0.569*
2. 加杨	0.358	0.395	0.353	0.036	0.039	0.319	0.302
3. 复羽叶栾树	−0.334	−0.439	−0.101	−0.312	0.448	−0.093	−0.074
4. 肥皂荚	−0.144	−0.062	−0.166	0.585*	0.055	0.062	0.012
5. 二球悬铃木	−0.455	−0.394	−0.470*	−0.378	0.048	−0.497*	−0.526*
6. 榔榆	−0.481*	−0.393	−0.564*	−0.202	0.024	−0.503*	−0.552*
7. 枫香	−0.405	−0.441	−0.258	−0.378	0.318	−0.466	−0.451
8. 乌桕	−0.218	−0.103	−0.087	0.239	0.106	0.166	0.127
9. 梧桐	−0.341	−0.183	−0.320	0.332	0.060	0.087	0.056
10. 臭椿	−0.441	−0.382	−0.376	−0.348	0.023	−0.46	−0.487
11. 喜树	−0.578*	−0.530*	−0.570*	−0.462	0.065	−0.604**	−0.625**
12. 紫穗槐	−0.413	−0.389	−0.524*	−0.178	0.156	−0.502*	−0.559*
13. 白花泡桐	−0.160	−0.057	0.067	0.046	0.304	0.269	0.236
14. 苦楝	−0.346	−0.269	−0.225	0.113	0.290	−0.064	−0.056
15. 构树	−0.410	−0.243	−0.481*	−0.086	−0.276	−0.311	−0.360
16. 蓝果树	−0.177	−0.329	0.161	−0.237	0.463	−0.017	0.009
17. 白榆	−0.322	−0.303	−0.503*	−0.099	0.104	−0.431	−0.484*
18. 元宝槭	−0.787**	−0.797**	−0.672**	−0.542*	0.160	−0.841**	−0.845**
19. 梓树	−0.331	−0.268	−0.150	−0.103	0.197	−0.051	−0.068
20. 麻栎	−0.679**	−0.702**	−0.480	−0.716**	0.363	−0.73**	−0.713**
21. 毛红椿	−0.393	−0.363	−0.481	−0.242	−0.052	−0.452	−0.491*
22. 白玉兰	−0.706**	−0.637**	−0.677**	−0.526*	0.033	−0.701**	−0.719**
23. 锥栗	−0.272	−0.212	−0.387	−0.184	−0.008	−0.338	−0.388
24. 小鸡爪槭	−0.764**	−0.786**	−0.607**	−0.706**	0.154	−0.814**	−0.801**

续表

落叶乔木	1—2月平均气温(X_1)	1—2月平均最高气温(X_2)	1—2月平均最低气温(X_3)	1—2月总日照时数(X_4)	1—2月总降雨量(X_5)	1—2月白天≥5 ℃有效积温(X_6)	1—2月夜间≥5 ℃有效积温(X_7)
25. 龙爪槐	−0.212	−0.120	−0.191	−0.149	0.079	−0.199	−0.231
26. 垂柳	−0.229	−0.369	−0.187	−0.156	0.098	−0.400	−0.386
27. 湖北海棠	−0.268	−0.591**	0.070	−0.554**	0.531*	−0.424	−0.254
28. 油桐	−0.164	0.056	−0.600	0.857**	−0.362	−0.135	−0.265
29. 枫杨	−0.735**	−0.727**	−0.587*	−0.651**	0.419	−0.770**	−0.784**
30. 檫木	−0.393	−0.217	−0.589	−0.06	−0.526	−0.322	−0.381
31. 合欢	−0.206	−0.042	−0.155	0.307	0.148	0.140	−0.206
32. 香椿	0.087	0.125	−0.017	0.063	0.019	0.040	−0.001
33. 榉树	−0.152	−0.013	−0.258	0.124	−0.062	−0.110	−0.160
34. 南酸枣	−0.513*	−0.389	−0.495	−0.278	−0.155	−0.443	−0.459
35. 黄檀	0.224	0.021	−0.185	0.549	−0.164	0.143	0.137
	2—3月平均气温(X_1)	2—3月平均最高气温(X_2)	2—3月平均最低气温(X_3)	2—3月总日照时数(X_4)	2—3月总降雨量(X_5)	2—3月白天≥10 ℃有效积温(X_6)	2—3月夜间≥10 ℃有效积温(X_7)
36. 板栗	−0.427	−0.356	−0.207	0.078	0.246	0.018	0.008

注：** 表示 $P<0.01$ 为极显著，* 表示 $P<0.05$ 为显著，下同。

表 3.2　落叶乔木始展叶期对前两个月气候因子的响应

落叶乔木	各气候因子	回归方程	气候响应解释
1. 鹅掌楸	X_1为1—2月平均气温/℃； X_2为1—2月平均最高气温/℃； X_3为1—2月平均最低气温/℃； X_6为1—2月白天≥5 ℃有效积温/(℃·d)； X_7为1—2月夜间≥5 ℃有效积温/(℃·d)	$Y=-5.771X_1-5.394X_2-0.216X_3-0.710X_6-0.436X_7-22.190$	鹅掌楸始展叶期与X_1、X_2、X_3、X_6、X_7呈显著负相关。1—2月平均气温每升高1 ℃，始展叶提早5.8 d；1—2月平均最高气温每升高1 ℃，始展叶提早5.4 d；1—2月平均最低气温每升高1 ℃，始展叶提早0.2 d；1—2月白天≥5 ℃有效积温升高1 ℃·d，始展叶提早0.7 d；1—2月夜间≥5 ℃有效积温每升高1 ℃·d，始展叶提早0.4 d
2. 二球悬铃木	X_3为1—2月平均最低气温/℃； X_6为1—2月白天≥5 ℃有效积温/(℃·d)； X_7为1—2月夜间≥5 ℃有效积温/(℃·d)	$Y=-1.165X_3-0.201X_6-0.307X_7+27.787$	二球悬铃木始展叶期与X_3、X_6、X_7呈显著负相关。1—2月平均最低气温每升高1 ℃，始展叶提早1.2 d；1—2月白天≥5 ℃有效积温每升高1 ℃·d，始展叶提早0.2 d；1—2月夜间≥5 ℃有效积温每升高1 ℃·d，始展叶提早0.3 d
3. 榔榆	X_1为1—2月平均气温/℃； X_3为1—2月平均最低气温/℃； X_6为1—2月白天≥5 ℃有效积温/(℃·d)； X_7为1—2月夜间≥5 ℃有效积温/(℃·d)	$Y=-2.210X_1-2.726X_3-0.443X_6-0.584X_7+34.096$	榔榆始展叶期与X_1、X_3、X_6、X_7呈显著负相关。1—2月平均气温每升高1 ℃，始展叶提早2.2 d；1—2月平均最低气温每升高1 ℃，始展叶提早2.7 d；1—2月白天≥5 ℃有效积温每升高1 ℃·d，始展叶提早0.4 d；1—2月夜间≥5 ℃有效积温每升高1 ℃·d，始展叶提早0.6 d

续表

落叶乔木	各气候因子	回归方程	气候响应解释
4. 喜树	X_1为1—2月平均气温/℃； X_2为1—2月平均最高气温/℃； X_3为1—2月平均最低气温/℃； X_6为1—2月白天≥5 ℃有效积温/(℃·d)； X_7为1—2月夜间≥5 ℃有效积温/(℃·d)	$Y=-6.830X_1-7.593X_2-0.911X_3-0.705X_6-0.343X_7-25.750$	喜树的始展叶期与X_1、X_2、X_3呈显著负相关，与X_6、X_7呈极显著负相关。1—2月平均气温每升高1 ℃，始展叶提早6.8 d；1—2月平均最高气温每升高1 ℃，始展叶提早7.6 d；1—2月平均最低气温每升高1 ℃，始展叶提早0.9 d；白天≥5 ℃有效积温每升高1 ℃·d，始展叶提早0.7 d；夜间≥5 ℃有效积温每升高1 ℃·d，始展叶提早0.3 d
5. 紫穗槐	X_3为1—2月平均最低气温/℃； X_6为1—2月白天≥5 ℃有效积温/(℃·d)； X_7为1—2月夜间≥5 ℃有效积温/(℃·d)	$Y=-4.155X_3-0.712X_6-1.011X_7+22.418$	紫穗槐始展叶期与X_3、X_6、X_7呈显著负相关。1—2月平均最低气温每升高1 ℃，始展叶提早4.2 d；白天≥5 ℃有效积温每升高1 ℃·d，始展叶提早0.7 d；夜间≥5 ℃有效积温每升高1 ℃·d，始展叶提早1.0 d
6. 构树	X_3为1—2月平均最低气温/℃	$Y=-2.439X_3+38.765$	构树始展叶期与X_3呈显著负相关。1—2月平均最低气温每升高1 ℃，始展叶提早2.4 d
7. 白榆	X_3为1—2月平均最低气温/℃； X_7为1—2月夜间≥5 ℃有效积温/(℃·d)	$Y=-1.768X_3-0.021X_7+34.839$	白榆始展叶期与X_3、X_7呈显著负相关。1—2月平均最低气温每升高1 ℃，始展叶提早1.8 d；夜间≥5 ℃有效积温每升高1 ℃·d，始展叶提早甚微
8. 元宝槭	X_1为1—2月平均气温/℃； X_2为1—2月平均最高气温/℃； X_3为1—2月平均最低气温/℃； X_4为1—2月总日照时数/h； X_6为1—2月白天≥5 ℃有效积温/(℃·d)； X_7为1—2月夜间≥5 ℃有效积温/(℃·d)	$Y=-4.156X_1-6.264X_2-3.104X_3-0.025X_4-0.219X_6-0.028X_7+14.439$	元宝槭始展叶期与X_1、X_2、X_3、X_6、X_7呈极显著负相关，与X_4呈显著负相关。1—2月平均气温每升高1 ℃，始展叶提早4.2 d；1—2月平均最高气温每升高1 ℃，始展叶提早6.3 d；1—2月平均最低气温每升高1 ℃，始展叶提早3.1 d；白天≥5 ℃有效积温每升高1 ℃·d，始展叶提早0.2 d；1—2月总日照时数每增加1 h和夜间≥5 ℃有效积温每升高1 ℃·d，始展叶提早甚微
9. 麻栎	X_1为1—2月平均气温/℃； X_2为1—2月平均最高气温/℃； X_4为1—2月总日照时数/h； X_6为1—2月白天≥5 ℃有效积温/(℃·d)； X_7为1—2月夜间≥5 ℃有效积温/(℃·d)	$Y=-4.877X_1-11.886X_2-0.089X_4-0.548X_6-0.333X_7-4.875$	麻栎始展叶期与X_1、X_2、X_4、X_6、X_7呈极显著负相关。1—2月平均气温每升高1 ℃，始展叶提早4.9 d；1—2月平均气温每升高1 ℃，始展叶提早11.9 d；1—2月白天≥5 ℃有效积温每升高1 ℃·d，始展叶提早0.6 d；1—2月夜间≥5 ℃有效积温升高1 ℃·d，始展叶提早0.3 d；日照时数对始展叶影响很小
10. 毛红椿	X_7为1—2月夜间≥5 ℃有效积温/(℃·d)	$Y=-0.060X_7+33.647$	毛红椿始展叶期与X_7呈显著负相关。1—2月夜间≥5 ℃有效积温对始展叶天数影响较小

续表

落叶乔木	各气候因子	回归方程	气候响应解释
11. 白玉兰	X_1为1—2月平均气温/℃； X_2为1—2月平均最高气温/℃； X_3为1—2月平均最低气温/℃； X_4为1—2月总日照时数/h； X_6为1—2月白天≥5 ℃有效积温/(℃·d)； X_7为1—2月夜间≥5 ℃有效积温/(℃·d)	$Y=-4.573X_1-4.557X_2-4.056X_3-0.101X_4-0.576X_6-0.347X_7-12.003$	白玉兰始展叶期与X_1、X_2、X_3、X_6、X_7呈极显著负相关，与X_4呈显著负相关。1—2月平均气温每升高1 ℃，始展叶提早4.6 d；1—2月平均最高气温每升高1 ℃，始展叶提早4.6 d；1—2月平均最低气温每升高1 ℃，始展叶提早4.1 d；1—2月总日照时数每增加1 h，始展叶提早0.1 d；白天≥5 ℃有效积温每升高1 ℃·d，始展叶提早0.6 d；夜间≥5 ℃有效积温每升高1 ℃·d，始展叶提早0.3 d
12. 小鸡爪槭	X_1为1—2月平均气温/℃； X_2为1—2月平均最高气温/℃； X_3为1—2月平均最低气温/℃； X_4为1—2月总日照时数/h； X_6为1—2月白天≥5 ℃有效积温/(℃·d)； X_7为1—2月夜间≥5 ℃有效积温/(℃·d)	$Y=-2.501X_1-8.028X_2-1.362X_3-0.063X_4-0.452X_6-0.309X_7+3.228$	小鸡爪槭始展叶期与X_1、X_2、X_3、X_4、X_6、X_7呈极显著负相关。1—2月平均气温每升高1 ℃，始展叶提早2.5 d；1—2月平均最高气温每升高1 ℃，始展叶提早8.0 d；1—2月平均最低气温每升高1 ℃，始展叶提早1.4 d；1—2月总日照时数每增加1 h，始展叶提早0.1 d；1—2月白天≥5 ℃有效积温每增加1 ℃·d，始展叶提早0.5 d；夜间≥5 ℃有效积温每升高1 ℃·d，始展叶提早0.3 d
13. 枫杨	X_1为1—2月平均气温/℃； X_2为1—2月平均最高气温/℃； X_3为1—2月平均最低气温/℃； X_4为1—2月总日照时数/h； X_6为1—2月白天≥5 ℃有效积温/(℃·d)； X_7为1—2月夜间≥5 ℃有效积温/(℃·d)	$Y=-7.757X_1-6.362X_2-6.017X_3-0.014X_4-0.166X_6-0.427X_7+7.368$	枫杨始展叶期与X_1、X_2、X_4、X_6、X_7呈极显著负相关，与X_3呈显著负相关。1—2月平均气温每升高1 ℃，始展叶提早7.8 d；1—2月平均最高气温每升高1 ℃，始展叶提早6.4 d；1—2月平均最低气温每升高1 ℃，始展叶提早6.0 d；1—2月总日照时数对始展叶影响很小；1—2月白天≥5 ℃有效积温每升高1 ℃·d，始展叶提早0.2 d；1—2月夜间≥5 ℃有效积温每升高1 ℃·d，始展叶提早0.4 d
14. 油桐	X_4为1—2月总日照时数/h	$Y=0.183X_4+0.873$	油桐始展叶期与1—2月总日照时数呈显著正相关。日照时数每增加1 h，始展叶延迟0.2 d
15. 肥皂荚	X_4为1—2月总日照时数/h	$Y=0.033X_4-0.289$	肥皂荚始展期与1—2月总日照时数呈显著正相关，但影响很小
16. 湖北海棠	X_2为1—2月平均最高气温/℃； X_4为1—2月总日照时数/h X_5为1—2月总降雨量/mm	$Y=-2.879X_2-0.020X_4+0.041X_5+57.370$	湖北海棠始展叶期与X_2、X_4呈极显著负相关，与X_5呈显著正相关。1—2月平均最高气温每升高1 ℃，始展叶提早2.9 d；1—2月总日照时数和总降雨量对始展叶期影响很小
17. 南酸枣	X_1为1—2月平均气温/℃	$Y=-2.846X_1+44.889$	南酸枣始展叶期仅与X_1呈显著负相关。1—2月平均气温每升高1 ℃，始展叶提早2.8 d

气候因子对17种落叶乔木始展叶期的影响主要是历年月平均气温、历年月平均最高气温、历年月平均最低气温。历年月平均气温每升高1 ℃,有11个落叶乔木始展叶期提早,提早幅度在2.2～7.8 d;历年月平均最高气温每升高1 ℃,有8个落叶乔木始展叶期提早,始展叶提早幅度在2.9～11.9 d;历年月平均最低气温每升高1 ℃,有11个落叶乔木始展叶期提早,提早幅度在0.2～6.0 d;日照时数、降雨量、白天≥5 ℃有效积温、夜间≥5 ℃有效积温对乔木落叶植物始展叶期响应小,影响时间均≤1 d。

表3.3 落叶乔木始展叶期与同期气候因子的相关系数

落叶乔木	同期平均气温(X_1)	同期平均最高气温(X_2)	同期平均最低气温(X_3)	同期总日照时数(X_4)	同期总降雨量(X_5)
1. 鹅掌楸	−0.414	−0.366	−0.311	0.426	0.641**
2. 加杨	−0.185	−0.128	−0.210	0.781**	0.201
3. 复叶栾树	0.379	0.396	−0.249	0.029	0.945**
4. 肥皂夹	−0.190	−0.149	−0.049	0.720**	0.722**
5. 二球悬铃木	−0.107	−0.219	0	0.857**	0.906**
6. 榔榆	−0.448	−0.391	−0.574*	0.318	0.770**
7. 枫香	−0.249	−0.452	−0.299	0.546*	0.014
8. 乌桕	−0.013	0.332	0	0.604**	0.781**
9. 梧桐	−0.041	0.035	−0.038	0.368	0.580**
10. 臭椿	−0.265	−0.033	−0.261	0.111	0.360
11. 喜树	−0.252	−0.238	−0.385	0.230	0.434
12. 枫杨	−0.505*	−0.483*	−0.550*	0.640**	0.545*
13. 刺槐	0.016	−0.102	0.107	−0.044	0.511*
14. 泡桐	−0.390	−0.061	−0.489*	0.111	0.719**
15. 苦楝	−0.333	−0.405	−0.578**	0.480*	0.610**
16. 构树	−0.440	−0.434	−0.288	0.577**	0.523*
17. 蓝果树	−0.276	−0.549*	0.083	0.465	0.272
18. 白榆	−0.120	−0.037	−0.145	0.750**	0.812**
19. 元宝槭	−0.666**	−0.664**	−0.589*	−0.064	0.680**
20. 丝棉木	−0.108	−0.023	−0.236	−0.166	0.423
21. 南酸枣	−0.543*	−0.545*	−0.394	0.322	0.633**
22. 梓树	−0.380	−0.367	−0.031	0.707**	0.446
23. 麻栎	−0.060	−0.158	−0.186	0.492	0.355
24. 毛红椿	0.461	0.139	0.351	0.689**	0.697**
25. 木瓜	−0.370	−0.410	−0.045	0.809**	0.684**
26. 黄檀	0.727*	0.603	0.501	0.747*	0.578
27. 油桐	−0.776*	−0.680	−0.545	0.495	0.429
28. 珊瑚树	−0.251	−0.134	−0.323	0.688	0.677
29. 白玉兰	−0.633**	−0.731**	−0.379	0.718**	−0.015

续表

落叶乔木	同期平均气温(X_1)	同期平均最高气温(X_2)	同期平均最低气温(X_3)	同期总日照时数(X_4)	同期总降雨量(X_5)
30. 锥栗	−0.489*	−0.559*	−0.353	0.716**	0.535*
31. 小鸡爪槭	−0.552*	−0.614**	−0.225	0.588*	0.278
32. 龙爪槐	−0.879**	−0.880**	−0.814**	0.670**	0.907**
33. 垂柳	−0.078	−0.318	0.114	0.650**	0.329
34. 湖北海棠	−0.129	−0.317	−0.087	0.500*	0.325
35. 檫木	−0.501	−0.418	−0.234	0.636	0.094

表 3.4　落叶乔木始展叶期对同期气候因子的响应

落叶乔木	各气候因子	回归方程	气候响应解释
1. 鹅掌楸	X_5为同期总降雨量/mm	$Y=0.103X_5+21.574$	鹅掌楸始展叶期与X_5呈极显著正相关。同期总降雨量每增加1 mm,始展叶延迟0.1 d,响应甚微
2. 加杨	X_4为同期总日照时数/h	$Y=0.045X_4+6.544$	加杨始展叶期与X_4呈极显著正相关。同期总日照时数每增加1 h,始展叶延迟0.05 d,响应甚微
3. 复叶栾树	X_5为同期总降雨量/mm	$Y=0.132X_5+133.416$	复叶栾树始展叶期与X_5呈极显著正相关。同期总降雨量每增加1 mm,始展叶延迟0.1 d,响应甚微
4. 肥皂夹	X_4为同期总日照时数/h X_5为同期总降雨量/mm	$Y=0.043X_4+0.154X_5+1.739$	肥皂夹展叶期与X_4、X_5呈极显著正相关。同期总日照时数每增加1 h,始展叶延迟0.04 d;同期总降雨量每增加1 mm,始展叶延迟0.2 d,响应甚微
5. 二球悬铃木	X_4为同期总日照时数/h X_5为同期总降雨量/mm	$Y=0.027X_4+0.176X_5+3.607$	二球悬铃木始展叶期与X_4、X_5呈极显著正相关。同期总日照时数每增加1 h,始展叶延迟0.03 d;同期总降雨量每增加1 mm,始展叶延迟0.2 d,响应甚微
6. 榔榆	X_3为同期平均最低气温/℃ X_5为同期总降雨量/mm	$Y=-0.518X_3+0.119X_5+13.159$	榔榆始展叶期与X_3呈显著负相关,与X_5呈极显著正相关。同期平均最低气温每升高1 ℃,始展叶提早0.5 d;同期总降雨量每增加1 mm,始展叶延迟0.1 d
7. 枫香	X_4为同期总日照时数/h	$Y=0.037X_4+8.936$	枫香始展叶期与X_4呈显著正相关。同期总日照时数每增加1 h,始展叶延迟0.04 d,响应甚微
8. 乌桕	X_4为同期总日照时数/h X_5为同期总降雨量/mm	$Y=0.020X_4+0.115X_5+8.425$	乌桕始展叶期与X_4、X_5呈极显著正相关。同期总日照时数每增加1 h,始展叶延迟0.02 d;同期总降雨量每增加1 mm,始展叶延迟0.1 d
9. 梧桐	X_5为同期总降雨量/mm	$Y=0.031X_5+17.602$	梧桐始展叶期与X_5呈极显著正相关。同期总降雨量每增加1 mm,始展叶延迟0.03 d,响应甚微

续表

落叶乔木	各气候因子	回归方程	气候响应解释
10. 枫杨	X_1为同期平均气温/℃ X_2为同期平均最高气温/℃ X_3为同期平均最低气温/℃ X_4为同期总日照时数/h X_5为同期总降雨量/mm	$Y=-0.512X_1-0.700X_2-0.968X_3+0.038X_4+0.113X_5+23.657$	枫杨始展叶期与X_1、X_2、X_3呈显著负相关，与X_4呈极显著正相关，与X_5呈显著正相关。同期平均气温每升高1℃，始展叶提早0.5 d；同期平均最高气温每升高1℃，始展叶提早0.7 d；同期平均最低气温每升高1℃，始展叶提早1.0 d；同期总日照时数每增加1 h，始展叶延迟0.04 d；同期总降雨量每增加1 mm，始展叶延迟0.1 d
11. 刺槐	X_5为同期总降雨量/mm	$Y=0.073X_5+8.448$	刺槐始展叶期与X_5呈显著正相关。同期总降雨量每增加1 mm，始展叶延迟0.1 d
12. 泡桐	X_3为同期平均最低气温/℃ X_5为同期总降雨量/mm	$Y=-2.094X_3+0.158X_5+38.773$	泡桐始展叶期与X_3呈显著负相关，与X_5呈极显著正相关。同期平均最低气温每升高1℃，始展叶提早2.1 d；同期总降雨量每增加1 mm，始展叶延迟0.2 d
13. 苦楝	X_3为同期平均最低气温/℃ X_4为同期总日照时数/h X_5为同期总降雨量/mm	$Y=-0.817X_3+0.024X_4+0.114X_5+19.07$	苦楝始展叶期与X_3呈极显著负相关，与X_4呈显著正相关，与X_5呈极显著正相关。同期平均最低气温每升高1℃，始展叶提早0.8 d；同期总日照时数每增加1 h，始展叶延迟0.02 d；同期总降雨量每增加1 mm，始展叶延迟0.1 d
14. 构树	X_4为同期总日照时数/h X_5为同期总降雨量/mm	$Y=0.036X_4+0.089X_5+7.015$	构树始展叶期与X_4呈极显著正相关，与X_5呈显著正相关。同期总日照时数每增加1 h，始展叶延迟0.04 d；同期总降雨量每增加1 mm，始展叶延迟0.1 d
15. 蓝果树	X_2为同期平均最高气温/℃	$Y=-0.959X_2+35.178$	蓝果树始展叶期与X_2呈显著负相关。同期平均最高气温每升高1℃，始展叶提早1.0 d
16. 白榆	X_4为同期总日照时数/h X_5为同期总降雨量/mm	$Y=0.055X_4+0.141X_5+3.390$	白榆始展叶期与X_4、X_5呈极显著正相关。同期总日照时数每增加1 h，始展叶延迟0.1 d；同期总降雨量每增加1 mm，始展叶延迟0.1 d
17. 元宝槭	X_1为同期平均气温/℃ X_2为同期平均最高气温/℃ X_3为同期平均最低气温/℃ X_5为同期总降雨量/mm	$Y=-1.669X_1-2.235X_2-0.702X_3+0.125X_5+1.699$	元宝槭始展叶期与X_1、X_2呈极显著负相关，与X_5呈极显著正相关，与X_3呈显著负相关。同期平均气温每升高1℃，始展叶提早1.7 d；同期平均最高气温每升高1℃，始展叶提早2.2 d；同期平均最低气温每升高1℃，始展叶提早0.7 d；同期总降雨量每增加1 mm，始展叶延迟0.1 d
18. 南酸枣	X_1为同期平均气温/℃ X_2为同期平均最高气温/℃ X_5为同期总降雨量/mm	$Y=-2.162X_1-3.054X_2+0.123X_5+43.458$	南酸枣始展叶期与X_1、X_2呈显著负相关，与X_5呈极显著正相关。同期平均气温每升高1℃，始展叶提早2.2 d；同期平均最高气温每升高1℃，始展叶提早3.1 d；同期总降雨量每增加1 mm，始展叶延迟0.1 d
19. 梓树	X_4为同期总日照时数/h	$Y=0.042X_4+16.592$	梓树始展叶期与X_4呈极显著正相关。同期总日照时数每增加1 h，始展叶期延迟0.04 d，响应很弱

续表

落叶乔木	各气候因子	回归方程	气候响应解释
20. 毛红椿	X_4为同期总日照时数/h X_5为同期总降雨量/mm	$Y=0.034X_4+0.136X_5+3.416$	毛红椿始展叶期与X_4、X_5呈极显著正相关。同期总日照时数每增加1 h，始展叶延迟0.03 d；同期总降雨量每增加1 mm，始展叶延迟0.1 d
21. 木瓜	X_4为同期总日照时数/h X_5为同期总降雨量/mm	$Y=0.087X_4+0.086X_5+5.331$	木瓜始展叶期与X_4、X_5呈极显著正相关。同期总日照时数每增加1 h，始展叶延迟0.1 d；同期总降雨量每增加1 mm，始展叶延迟0.1 d
22. 黄檀	X_1为同期平均气温/℃ X_4为同期总日照时数/h	$Y=2.724X_1+0.023X_4-57.201$	黄檀始展叶期与X_1、X_4呈显著正相关。同期平均气温每升高1 ℃，始展叶延迟2.7 d；同期总日照时数每增加1 h，始展叶延迟0.02 d
23. 油桐	X_1为同期平均气温/℃	$Y=-1.635X_1+43.535$	油桐始展叶期与X_1呈显著负相关。同期平均气温每升高1 ℃，始展叶提早1.6 d
24. 白玉兰	X_1为同期平均气温/℃ X_2为同期平均最高气温/℃ X_4为同期总日照时数/h	$Y=-0.671X_1-0.946X_2+0.038X_4$	白玉兰始展叶期与X_1、X_2呈极显著负相关，与X_4呈极显著正相关。同期平均气温每升高1 ℃，始展叶提早0.7 d；同期平均最高气温每升高1 ℃，始展叶提早1.0 d；同期总日照时数每增加1 h，始展叶延迟0.04 d
25. 锥栗	X_1为同期平均气温/℃ X_2为同期平均最高气温/℃ X_4为同期总日照时数/h X_5为同期总降雨量/mm	$Y=-0.517X_1-1.164X_2+0.021X_4+0.106X_5+25.234$	锥栗始展叶期与X_1、X_2呈显著负相关，与X_4呈极显著正相关，与X_5呈显著正相关。同期平均气温每升高1 ℃，始展叶提早0.5 d；同期平均最高气温每升高1 ℃，始展叶提早1.2 d；同期总日照时数每增加1 h，始展叶延迟0.02 d；同期总降雨量每增加1 mm，始展叶延迟0.1 d
26. 小鸡爪槭	X_1为同期平均气温/℃ X_2为同期平均最高气温/℃ X_4为同期总日照时数/h	$Y=-0.013X_1-0.802X_2+0.035X_4+29.762$	小鸡爪槭始展叶期与X_1呈显著负相关，与X_4呈显著正相关，与X_2呈极显著负相关。同期平均气温每升高1 ℃，始展叶提早0.01 d；同期平均最高气温每升高1 ℃，始展叶提早0.8 d；同期总日照时数每增加1 h，始展叶延迟0.04 d
27. 龙爪槐	X_1为同期平均气温/℃ X_2为同期平均最高气温/℃ X_3为同期平均最低气温/℃ X_4为同期总日照时数/h X_5为同期总降雨量/mm	$Y=-4.090X_1-2.123X_2-1.163X_3+0.015X_4+0.121X_5+230.071$	龙爪槐始展叶期与X_1、X_2、X_3呈极显著负相关，与X_4、X_5呈极显著正相关。同期平均气温每升高1 ℃，始展叶提早4.1 d；同期平均最高气温每升高1 ℃，始展叶提早2.1 d；同期平均最低气温每升高1 ℃，始展叶提早1.2 d；同期总日照时数每增加1 h，始展叶延迟0.02 d；同期总降雨量每增加1 mm，始展叶延迟0.1 d
28. 垂柳	X_4为同期总日照时数/h	$Y=0.053X_4+10.194$	垂柳始展叶期与X_4呈极显著正相关。同期总日照时数每增加1 h，始展叶延迟0.05 d
29. 湖北海棠	X_4为同期总日照时数/h	$Y=0.044X_4+12.519$	湖北海棠始展叶期与X_4呈显著正相关。同期总日照时数每增加1 h，始展叶延迟0.04 d

同期温度对落叶乔木始展叶影响强于总日照时数和总降雨量，总日照时数和总降雨量对落叶乔木始展叶期影响程度低，在 1 d 以下，有的还不到 0.1 d；同期月平均气温每升高 1 ℃，有 9 个落叶乔木始展叶期提早，提早幅度 0.5～2.2 d，黄檀和小鸡爪槭除外。

3.1.2　落叶灌木始展叶期对气候生态因子的响应

经统计 14 个落叶灌木的始展叶期与前两个月气候因子表明，有 12 个呈显著相关或极显著相关，见表 3.5。根据显著相关或极显著相关建立回归方程，并作出响应程度解释，见表 3.6。12 个落叶灌木的始展叶期与同期气候因子统计表明，有 9 个呈显著相关或极显著相关，见表 3.7。根据显著相关或极显著相关建立回归方程，并作出响应程度解释，见表 3.8。

表 3.5　落叶灌木始展叶期与前两个月气候因子的相关系数

落叶灌木	1—2 月平均气温(X_1)	1—2 月平均最高气温(X_2)	1—2 月平均最低气温(X_3)	1—2 月总日照时数(X_4)	1—2 月总降雨量(X_5)	1—2 月白天≥5 ℃有效积温(X_6)	1—2 月夜间≥5 ℃有效积温(X_7)
1. 紫薇	−0.427	−0.417	−0.404	−0.245	0.178	−0.491*	−0.427*
2. 红叶李	−0.350	−0.477*	−0.170	−0.307	0.192	−0.407	−0.339
3. 二乔玉兰	−0.680**	−0.608**	−0.635**	−0.482*	0.084	−0.670**	−0.692**
4. 羽毛枫	−0.549	−0.372	−0.611*	−0.094	−0.357	−0.472	−0.526
5. 蜡梅	−0.586*	−0.552*	−0.511*	−0.413	0.027	−0.610**	−0.586*
6. 紫荆	−0.510*	−0.508*	−0.525*	−0.405	0.016	−0.592**	−0.510*
7. 红叶碧桃	−0.348	−0.345	−0.391	−0.291	0.252	−0.420	−0.454
8. 木瓜	−0.705**	−0.739**	−0.640**	−0.545*	0.310	−0.808**	−0.817**
9. 丝棉木	−0.475	−0.461	−0.498*	−0.376	0.190	−0.563*	−0.605*
10. 金钟花	−0.438	−0.538*	−0.377	−0.415	0.117	−0.617*	−0.438
11. 日本晚樱	−0.683**	−0.618**	−0.621**	−0.484*	−0.066	−0.685**	−0.683**
12. 绣球	−0.527*	−0.532*	−0.539*	−0.406	0.230	−0.594*	−0.527*
13. 木芙蓉	−0.682	−0.685	−0.711	−0.703	0.203	−0.737	−0.682*
14. 木槿	−0.426	−0.211	−0.426	−0.043	−0.203	−0.222	−0.426

表 3.6　落叶灌木始展叶期对前两个月气候因子的响应

落叶灌木	各气候因子	回归方程	气候响应解释
1. 紫薇	X_6为 1—2 月白天≥5 ℃有效积温/(℃·d) X_7为 1—2 月夜间≥5 ℃有效积温/(℃·d)	$Y=-0.091X_6-0.148X_7+37.379$	紫薇始展叶期与 X_6、X_7呈显著负相关。1—2 月白天≥5 ℃有效积温和夜间≥5 ℃有效积温每升高 1 ℃·d，始展叶均提早 0.1 d
2. 红叶李	X_2为 1—2 月平均最高气温/℃	$Y=-3.227X_2+67.748$	红叶李始展叶期与 X_2呈显著负相关。1—2 月平均最高气温每升高 1 ℃，始展叶提早 3.2 d

续表

落叶灌木	各气候因子	回归方程	气候响应解释
3. 二乔玉兰	X_1为1—2月平均气温/℃ X_2为1—2月平均最高气温/℃ X_3为1—2月平均最低气温/℃ X_4为1—2月总日照时数/h X_6为1—2月白天≥5 ℃有效积温/(℃·d) X_7为1—2月夜间≥5 ℃有效积温/(℃·d)	$Y=-5.839X_1-1.265X_2-0.164X_3-0.051X_4-0.301X_6-0.073X_7-0.982$	二乔玉兰始展叶期与X_1、X_2、X_3、X_4、X_6、X_7呈极显著负相关。1—2月平均气温每升高1 ℃，始展叶提早5.8 d；1—2月平均最高气温每升高1 ℃，始展叶提早1.3 d；1—2月平均最低气温每升高1 ℃，始展叶提早0.2 d；1—2月总日照时数每增加1 h，始展叶提早0.1 d；白天≥5 ℃有效积温每升高1 ℃·d，始展叶提早0.3 d；夜间≥5 ℃有效积温每升高1 ℃·d，始展叶提早0.1 d
4. 羽毛枫	X_3为1—2月平均最低气温/℃	$Y=-2.371X_3+32.525$	羽毛枫始展叶期与X_3呈显著负相关。平均最低气温每升高1 ℃，始展叶提早2.4 d
5. 蜡梅	X_1为1—2月平均气温/℃ X_2为1—2月平均最高气温/℃ X_3为1—2月平均最低气温/℃ X_6为1—2月白天≥5 ℃有效积温/(℃·d) X_7为1—2月夜间≥5 ℃有效积温/(℃·d)	$Y=-6.475X_1-4.218X_2-1.924X_3-0.596X_6-0.31X_7-20.515$	蜡梅展叶期与X_1、X_2、X_3、X_7呈显著负相关，与X_6呈极显著负相关。1—2月平均气温每升高1 ℃，始展叶提早6.5 d；1—2月平均最高气温每升高1 ℃，始展叶提早4.2 d；1—2月平均最低气温每升高1 ℃，始展叶提早1.9 d；1—2月白天≥5 ℃有效积温每升高1 ℃·d，始展叶提早0.6 d；1—2月夜间≥5 ℃有效积温每升高1 ℃·d，始展叶提早0.3 d
6. 紫荆	X_1为1—2月平均气温/℃ X_2为1—2月平均最高气温/℃ X_3为1—2月平均最低气温/℃ X_6为1—2月白天≥5 ℃有效积温/(℃·d) X_7为1—2月夜间≥5 ℃有效积温/(℃·d)	$Y=-3.773X_1-6.839X_2-0.064X_3-0.735X_6-0.353X_7-38.707$	紫荆始展叶期与X_1、X_2、X_3、X_7呈显著负相关，与X_6呈极显著负相关。1—2月平均气温每升高1 ℃，始展叶提早3.8 d；1—2月平均最高气温每升高1 ℃，始展叶提早6.8 d；1—2月平均最低气温每升高1 ℃，始展叶提早0.1 d；1—2月白天≥5 ℃有效积温每升高1 ℃·d，始展叶提早0.7 d；1—2月夜间≥5 ℃有效积温每升高1 ℃·d，始展叶提早0.4 d
7. 木瓜	X_1为1—2月平均气温/℃ X_2为1—2月平均最高气温/℃ X_3为1—2月平均最低气温/℃ X_4为1—2月总日照时数/h X_6为1—2月白天≥5 ℃有效积温/(℃·d) X_7为1—2月夜间≥5 ℃有效积温/(℃·d)	$Y=-3.847X_1-4.141X_2-1.335X_3-0.004X_4-0.665X_6-0.315X_7-30.434$	木瓜始展叶期与X_1、X_2、X_3、X_6、X_7呈极显著负相关，与X_4呈显著负相关。1—2月平均气温每升高1 ℃，始展叶提早3.8 d；1—2月平均最高气温每升高1 ℃，始展叶提早4.1 d；1—2月平均最低气温每升高1 ℃，始展叶提早1.3 d；白天≥5 ℃有效积温每升高1 ℃·d，始展叶提早0.7 d；夜间≥5 ℃有效积温每升高1 ℃·d，始展叶提早0.3 d；1—2月总日照时数对始展叶影响很小
8. 丝棉木	X_3为1—2月平均最低气温/℃ X_6为1—2月白天≥5 ℃有效积温/(℃·d) X_7为1—2月夜间≥5 ℃有效积温/(℃·d)	$Y=-4.769X_3-0.626X_6-0.926X_7+8.340$	丝棉木始展叶期与X_3、X_6、X_7呈显著负相关。1—2月平均最低气温每升高1 ℃，始展叶提早4.8 d；白天≥5 ℃有效积温每升高1 ℃·d，始展叶提早0.6 d；夜间≥5 ℃有效积温每升高1 ℃·d，始展叶提早0.9 d

续表

落叶灌木	各气候因子	回归方程	气候响应解释
9. 金钟花	X_2为1—2月平均最高气温/℃ X_6为1—2月白天≥5 ℃有效积温/(℃·d)	$Y=-7.915X_2-0.428X_6-15.805$	金钟花始展叶期与X_2、X_6呈显著负相关。1—2月平均最高气温每升高1 ℃,始展叶提早7.9 d;1—2月白天≥5 ℃有效积温每升高1 ℃·d,始展叶提早0.4 d
10. 日本晚樱	X_1为1—2月平均气温/℃ X_2为1—2月平均最高气温/℃ X_3为1—2月平均最低气温/℃ X_4为1—2月总日照时数/h X_6为1—2月白天≥5 ℃有效积温/(℃·d) X_7为1—2月夜间≥5 ℃有效积温/(℃·d)	$Y=-5.570X_1-9.573X_2-1.827X_3-0.019X_4-0.237X_6-0.021X_7+4.742$	日本晚樱始展叶期与X_1、X_2、X_3、X_6、X_7呈极显著负相关,与X_4呈显著负相关。1—2月平均气温每升高1 ℃,始展叶提早5.6 d;1—2月平均最高气温每升高1 ℃,始展叶提早9.6 d;1—2月平均最低气温每升高1 ℃,始展叶提早1.8 d;1—2月白天≥5 ℃有效积温每升高1 ℃·d,始展叶提早0.2 d;1—2月总日照时数和1—2月夜间≥5 ℃有效积温对始展叶影响很小
11. 绣球	X_1为1—2月平均气温/℃ X_2为1—2月平均最高气温/℃ X_3为1—2月平均最低气温/℃ X_6为1—2月白天≥5 ℃有效积温/(℃·d) X_7为1—2月夜间≥5 ℃有效积温/(℃·d)	$Y=-6.087X_1-2.040X_2-9.745X_3-1.152X_6-1.482X_7+50.914$	绣球始展叶期与X_1、X_2、X_3、X_6、X_7呈显著负相关。1—2月平均气温每升高1 ℃,始展叶提早6.1 d;1—2月平均最高气温每升高1 ℃,始展叶提早2.0 d;1—2月平均最低气温每升高1 ℃,始展叶提早9.7 d;1—2月白天≥5 ℃有效积温每升高1 ℃·d,始展叶提早1.2 d;1—2月夜间≥5 ℃有效积温每升高1 ℃·d,始展叶提早1.5 d
12. 木芙蓉	X_7为1—2月夜间≥5 ℃有效积温/(℃·d)	$Y=-0.082X_7+38.581$	木芙蓉始展叶期与X_7呈显著负相关。1—2月夜间≥5 ℃有效积温每升高1 ℃·d,始展叶提早0.1 d

气候因子对12个落叶灌木的影响仍然是温度强于日照、降雨量、白天和晚上≥5 ℃有效积温。历年始展叶前两个月的月平均气温每升高1 ℃,始展叶天数提早3.8～6.5 d,历年始展叶前两个月的月平均最高气温每升高1 ℃,始展叶提早1.3～9.6 d;历年始展叶前两个月的月平均最低气温每升高1 ℃,始展叶提早0.2～9.7 d(紫荆除外)。

表3.7　落叶灌木始展叶期与同期气候因子的相关系数

落叶灌木	同期平均气温(X_1)	同期平均最高气温(X_2)	同期平均最低气温(X_3)	同期总日照时数(X_4)	同期总降雨量(X_5)
1. 紫薇	−0.599*	−0.473	−0.448	0.391	0.893**
2. 二乔玉兰	−0.616*	−0.642**	−0.433	0.630*	0.715**
3. 羽毛枫	−0.436	−0.392	−0.129	0.116	0.614
4. 蜡梅	−0.493	−0.531	−0.007	0.691**	0.681*
6. 红叶碧桃	−0.596*	−0.522*	−0.228	0.146	0.544*
7. 木瓜	−0.370	−0.410	−0.045	0.809**	0.684**
8. 丝棉木	−0.108	−0.023	−0.236	−0.166	0.423
9. 金钟花	−0.606*	−0.676**	−0.615*	0.801**	0.659**

续表

落叶灌木	同期平均气温(X_1)	同期平均最高气温(X_2)	同期平均最低气温(X_3)	同期总日照时数(X_4)	同期总降雨量(X_5)
10. 日本晚樱	−0.629**	−0.563*	−0.508*	0.320	0.313
11. 绣球	−0.482*	−0.404	−0.371	0.634**	0.904**
12. 木槿	−0.308	−0.130	−0.177	0.598*	0.729**

表 3.8 落叶灌木始展叶期对同期气候因子的响应

落叶灌木	各气候因子	回归方程	气候响应解释
1. 紫薇	X_1为同期平均气温/℃ X_5为同期总降雨量/mm	$Y=-4.853X_1+0.114X_5+160.296$	紫薇始展叶期与X_1呈显著负相关，与X_5呈极显著正相关。同期平均气温每升高1 ℃，始展叶期提早4.9 d；同期总降雨量每增加1 mm，始展叶延迟0.1 d
2. 二乔玉兰	X_1为同期平均气温/℃ X_2为同期平均最高气温/℃ X_4为同期总日照时数/h X_5为同期总降雨量/mm	$Y=-1.766X_1-2.912X_2+0.024X_4+0.178X_5+35.980$	二乔玉兰始展叶期与X_1呈显著负相关，与X_2呈极显著负相关，与X_4呈显著正相关，与X_5呈极显著正相关。同期平均气温每升高1 ℃，始展叶提早1.8 d；同期平均最高气温每升高1 ℃，始展叶提早2.9 d；同期总日照时数每增加1 h，始展叶延迟0.02 d；同期总降雨量每增加1 mm，始展叶延迟0.2 d
3. 蜡梅	X_4为同期总日照时数/h X_5为同期总降雨量/mm	$Y=0.092X_4+0.191X_5+16.842$	蜡梅始展叶期与X_4呈极显著正相关，与X_5呈显著正相关。同期总日照时数每增加1 h，始展叶延迟0.1 d；同期总降雨量每增加1 mm，始展叶延迟0.2 d
4. 红叶碧桃	X_1为同期平均气温/℃ X_2为同期平均最高气温/℃ X_5为同期总降雨量/mm	$Y=-2.076X_1-3.106X_2+0.188X_5+39.144$	红叶碧桃始展叶期与X_1、X_2呈显著负相关，与X_5呈显著正相关。同期平均气温每升高1 ℃，始展叶提早2.1 d；同期平均最高气温每升高1 ℃，始展叶提早3.1 d；同期总降雨量每增加1 mm，始展叶延迟0.2 d
5. 木瓜	X_4为同期总日照时数/h X_5为同期总降雨量/mm	$Y=0.087X_4+0.086X_5+5.331$	木瓜始展叶期与X_4、X_5呈极显著正相关。同期总日照时数每增加1 h，始展叶延迟0.1 d；同期总降雨量每增加1 mm，始展叶延迟0.1 d
6. 金钟花	X_1为同期平均气温/℃ X_2为同期平均最高气温/℃ X_3为同期平均最低气温/℃ X_4为同期总日照时数/h X_5为同期总降雨量/mm	$Y=-4.527X_1-3.864X_2-1.759X_3+0.033X_4+0.164X_5+34.724$	金钟花始展叶期与X_1、X_3呈显著负相关，与X_2呈极显著负相关，与X_4、X_5呈极显著正相关。同期平均气温每升高1 ℃，始展叶提早4.5 d；同期平均最高气温每升高1 ℃，始展叶提早3.9 d；同期平均最低气温每升高1 ℃，始展叶提早1.8 d；同期总日照时数每增加1 h，对始展叶影响很小；同期总降雨量每增加1 mm，始展叶延迟0.2 d

续表

落叶灌木	各气候因子	回归方程	气候响应解释
7. 日本晚樱	X_1为同期平均气温/℃ X_2为同期平均最高气温/℃ X_3为同期平均最低气温/℃	$Y=-1.559X_1-0.421X_2-0.027X_3+38.846$	日本晚樱始展叶期与X_1呈极显著负相关，与X_2、X_3呈显著负相关。同期平均气温每升高1 ℃，始展叶提早1.6 d；同期平均最高气温每升高1 ℃，始展叶提早0.4 d；同期平均最低气温每升高1 ℃，始展叶提早0.03 d
8. 绣球	X_1为同期平均气温/℃ X_4为同期总日照时数/h X_5为同期总降雨量/mm	$Y=-7.648X_1+0.018X_4+0.149X_5+217.993$	绣球始展叶期与X_1呈显著负相关，与X_4、X_5呈极显著正相关。同期平均气温每升高1 ℃，始展叶提早7.6 d；同期总日照时数每增加1 h，始展叶延迟0.02 d；同期总降雨量每增加1 mm，始展叶延迟0.2 d
9. 木槿	X_4为同期总日照时数/h X_5为同期总降雨量/mm	$Y=0.023X_4+0.051X_5+86.904$	木槿展叶期与X_4呈显著正相关，与X_5呈极显著正相关。同期总日照时数每增加1 h，始展叶延迟0.02 d；同期总降雨量每增加1 mm，始展叶延迟0.1 d

同期平均气温对落叶灌木的始展叶期影响是提早1.6～7.6 d；同期平均最高气温对落叶灌木的始展叶期影响提早0.4～3.9 d；同期平均最低气温对落叶灌木的始展叶期影响应是提早1.8 d；其他气候因子影响很小。

3.1.3 常绿乔木始展叶期对气候生态因子的响应

经17个常绿乔木的始展叶期与前两个月气候因子相关统计表明，有10个常绿乔木的始展叶期与气候因子呈显著相关或极显著相关，见表3.9。根据显著相关或极显著相关建立回归方程，并作出响应程度解释，见表3.10。

表3.9 常绿乔木始展叶期与前两个月气候因子的相关系数

常绿乔木	1—2月平均气温(X_1)	1—2月平均最高气温(X_2)	1—2月平均最低气温(X_3)	1—2月总日照时数(X_4)	1—2月总降雨量(X_5)	1—2月白天≥5 ℃有效积温(X_6)	1—2月夜间≥5 ℃有效积温(X_7)
1. 木荷	−0.555*	−0.588*	−0.331	−0.689**	0.381	−0.63**	−0.609**
2. 珊瑚树	−0.373	−0.382	−0.375	−0.347	0.107	−0.467	−0.499*
3. 樟树	−0.306	−0.173	−0.392	0.078	0.141	−0.195	−0.208
4. 大叶樟	−0.402	−0.278	−0.353	−0.285	−0.474*	−0.283	−0.284
5. 四川山矾	−0.455	−0.398	−0.583*	−0.178	0.098	−0.487*	−0.527*
6. 苦槠	−0.565	−0.232	−0.402	−0.257	−0.491	−0.284	−0.320
7. 乐昌含笑	−0.469*	−0.530*	−0.401	−0.576*	0.392	−0.576*	−0.580*
8. 女贞	−0.417	−0.360	−0.416	−0.193	−0.214	−0.422	−0.441
9. 阴香	−0.832**	−0.682**	−0.749**	−0.537*	0.082	−0.662**	−0.660**
10. 山杜英	−0.475	−0.446	−0.405	−0.537*	0.001	−0.485	−0.491

续表

常绿乔木	1—2月平均气温(X_1)	1—2月平均最高气温(X_2)	1—2月平均最低气温(X_3)	1—2月总日照时数(X_4)	1—2月总降雨量(X_5)	1—2月白天≥5 ℃有效积温(X_6)	1—2月夜间≥5 ℃有效积温(X_7)
11. 石栎	−0.580*	−0.519*	−0.502*	−0.029	−0.009	−0.279	−0.247
12. 广玉兰	0.373	0.378	0.449	−0.108	0.089	0.207	0.211
13. 醉香含笑	−0.447	−0.551*	−0.287	−0.056	0.031	−0.018	0.015
14. 巴东木莲	0.185	0.279	0.168	0.054	0.161	0.051	0.016
15. 红翅槭	−0.042	−0.130	−0.041	0.015	0.215	−0.185	−0.188
16. 深山含笑	−0.108	0.131	−0.042	0.348	0.065	0.348	0.316
17. 冬青	−0.118	0.143	−0.147	0.211	−0.598**	0.135	0.120

表 3.10 常绿乔木始展叶期对前两个月气候因子的响应

常绿乔木	各气候因子	回归方程	气候响应解释
1. 木荷	X_1为1—2月平均气温/℃ X_2为1—2月平均最高气温/℃ X_4为1—2月总日照时数/h X_6为1—2月白天≥5 ℃有效积温/(℃·d) X_7为1—2月夜间≥5 ℃有效积温/(℃·d)	$Y=-5.643X_1-7.626X_2-0.036X_4-0.990X_6-0.700X_7-38.614$	木荷始展叶期与X_1、X_2呈显著负相关，与X_4、X_6、X_7呈极显著负相关。1—2月平均气温每升高1 ℃，始展叶提早5.6 d；1—2月平均最高气温每升高1 ℃，始展叶提早7.6 d；1—2月总日照时数增加1 h，始展叶提早0.04 d(影响不大)；1—2月白天≥5 ℃有效积温每升高1 ℃·d，始展叶提早1.0 d；1—2月夜间≥5 ℃有效积温每升高1 ℃·d，始展叶提早0.7 d
2. 珊瑚树	X_7为1—2月夜间≥5 ℃有效积温/(℃·d)	$Y=-0.059X_7+23.198$	珊瑚树始展叶期与X_7呈显著负相关。1—2月夜间≥5 ℃有效积温每升高1 ℃·d，始展叶提早0.1 d
3. 大叶樟	X_5为1—2月总降雨量/mm	$Y=-0.034X_5+37.576$	大叶樟始展叶期与X_5呈显著负相关。1—2月总降雨量每增加1 mm，始展叶提早0.03 d，响应很弱
4. 四川山矾	X_3为1—2月平均最低气温/℃ X_6为1—2月白天≥5 ℃有效积温/(℃·d) X_7为1—2月夜间≥5 ℃有效积温/(℃·d)	$Y=-0.678X_3-0.224X_6-0.311X_7+28.192$	四川山矾始展叶期与X_3、X_6、X_7呈显著负相关。1—2月平均最低气温每升高1 ℃，始展叶提早0.7 d；1—2月白天≥5 ℃有效积温每升高1 ℃·d，始展叶提早0.2 d；夜间≥5 ℃有效积温每升高1 ℃·d，始展叶提早0.3 d
5. 乐昌含笑	X_1为1—2月平均气温/℃ X_2为1—2月平均最高气温/℃ X_4为1—2月总日照时数/h X_6为1—2月白天≥5 ℃有效积温/(℃·d) X_7为1—2月夜间≥5 ℃有效积温/(℃·d)	$Y=-0.444X_1-3.189X_2-0.106X_4-0.084X_6-0.246X_7+17.669$	乐昌含笑始展叶期与X_1、X_2、X_4、X_6、X_7呈显著负相关。1—2月平均气温每升高1 ℃，始展叶提早0.4 d；1—2月平均最高气温每升高1 ℃，始展叶提早3.2 d；1—2月总日照时数每增加1 h，始展叶提早0.1 d；1—2月白天≥5 ℃有效积温每升高1 ℃·d，始展叶提早0.1 d；夜间≥5 ℃有效积温每升高1 ℃·d，始展叶提早0.2 d

续表

常绿乔木	各气候因子	回归方程	气候响应解释
6. 阴香	X_1为1—2月平均气温/℃ X_2为1—2月平均最高气温/℃ X_3为1—2月平均最低气温/℃ X_4为1—2月总日照时数/h X_6为1—2月白天≥5 ℃有效积温/(℃·d) X_7为1—2月夜间≥5 ℃有效积温/(℃·d)	$Y=-9.708X_1-9.985X_2-8.338X_3-0.134X_4-0.425X_6-0.464X_7+38.636$	阴香始展叶期与X_1、X_2、X_3、X_6、X_7呈极显著负相关，与X_4呈显著负相关。1—2月平均气温每升高1 ℃，始展叶提早9.7 d；1—2月平均最高气温每升高1 ℃，始展叶提早10 d；1—2月平均最低气温每升高1 ℃，始展叶提早8.3 d；1—2月总日照时数每增加1 h，始展叶提早0.1 d；1—2月白天≥5 ℃有效积温每升高1 ℃·d，始展叶提早0.4 d；夜间≥5 ℃有效积温每升高1 ℃·d，始展叶提早0.5 d
7. 山杜英	X_4为1—2月总日照时数/h	$Y=-0.110X_4+37.153$	山杜英始展叶期与X_4呈显著负相关。1—2月总日照时数每增加1 h，始展叶提早0.1 d
8. 冬青	X_5为1—2月总降雨量/mm	$Y=-0.051X_5+34.85$	冬青始展叶期与X_5呈极显著负相关。1—2月总降雨量每增加1 mm，始展叶提早0.1 d
9. 石栎	X_1为1—2月平均气温/℃ X_2为1—2月平均最高气温/℃ X_3为1—2月平均最低气温/℃	$Y=-1.382X_1-0.675X_2-1.626X_3+56.687$	石栎始展叶期与X_1、X_2、X_3呈显著负相关。1—2月平均气温每升高1 ℃，始展叶提早1.4 d；1—2月平均最高气温每升高1 ℃，始展叶提早0.7 d；1—2月平均最低气温每升高1 ℃，始展叶提早1.6 d
10. 醉香含笑	X_2为1—2月平均最高气温/℃	$Y=-2.395X_2+43.609$	醉香含笑始展叶期与X_2呈显著负相关。1—2月平均最高气温每升高1 ℃，始展叶提早2.4 d

气候因子对10个常绿乔木的影响：月平均气温占4个，每升高1 ℃，始展叶提早0.4～9.7 d；月平均最高气温占5个，每升高1 ℃，始展叶提早0.7～10.0 d；月平均最低气温占3个，月平均最低气温每升高1 ℃，始展叶提早0.7～8.3 d。总日照时数、总降雨量、白天和晚上≥5 ℃有效积温影响很小，影响度在0.5 d以下(木荷除外)。

3.1.4 常绿灌木始展叶期对气候生态因子的响应

经16个常绿灌木植物的始展叶期与前两个月气候因子相关统计表明，有12个常绿灌木的始展叶期与前两个月气候因子呈显著相关或极显著相关，见表3.11。根据显著相关或极显著相关建立回归方程，并作出响应程度解释，见表3.12。

表3.11 常绿灌木始展叶期与前两个月气候因子的相关系数

常绿灌木	1—2月平均气温(X_1)	1—2月平均最高气温(X_2)	1—2月平均最低气温(X_3)	1—2月总日照时数(X_4)	1—2月总降雨量(X_5)	1—2月白天≥5 ℃有效积温(X_6)	1—2月夜间≥5 ℃有效积温(X_7)
1. 油茶	−0.324	−0.254	−0.499*	−0.039	0.001	−0.333	−0.392
2. 海桐	−0.822**	−0.798**	−0.679**	−0.646**	0.052	−0.820**	−0.812**

续表

常绿灌木	1—2月平均气温(X_1)	1—2月平均最高气温(X_2)	1—2月平均最低气温(X_3)	1—2月总日照时数(X_4)	1—2月总降雨量(X_5)	1—2月白天≥5 ℃有效积温(X_6)	1—2月夜间≥5 ℃有效积温(X_7)
3. 大叶黄杨	−0.492	−0.530*	−0.404	−0.410	0.403	−0.602*	−0.618*
4. 石楠	−0.696**	−0.622**	−0.676**	−0.401	0.133	−0.691**	−0.718**
5. 豪猪刺	−0.340	−0.365	−0.448	−0.316	0.149	−0.469	−0.515*
6. 桂花	−0.571*	−0.589*	−0.432	−0.360	0.181	−0.622**	−0.608**
7. 含笑	−0.356	−0.351	−0.151	−0.580*	−0.189	−0.372	−0.351
8. 湖北羊蹄甲	−0.146	−0.162	−0.096	−0.150	0.329	−0.235	−0.236
9. 杜鹃	−0.579*	−0.467	−0.452	−0.661**	−0.110	−0.475*	−0.464
10. 红花檵木	−0.155	−0.165	−0.192	−0.322	−0.059	−0.243	−0.286
11. 夹竹桃	−0.371	−0.302	−0.346	−0.430	−0.131	−0.333	−0.356
12. 丝兰	−0.465	−0.535*	−0.299	−0.236	0.063	−0.457	−0.403
13. 野迎春花	−0.741**	−0.815**	−0.536	−0.692**	0.278	−0.864**	−0.851**
	2—3月平均气温(X_1)	2—3月平均最高气温(X_2)	2—3月平均最低气温(X_3)	2—3月总日照时数(X_4)	2—3月总降雨量(X_5)	2—3月白天≥10 ℃有效积温(X_6)	2—3月夜间≥10 ℃积温(X_7)
14. 山茶花	0.026	−0.062	0.200	0.144	0.343	0.564*	0.574*
15. 栀子花	−0.192	0.022	−0.138	0.359	0.110	0.095	0.054
	11—12月平均气温(X_1)	11—12月平均最高气温(X_2)	11—12月平均最低气温(X_3)	11—12月总日照时数(X_4)	11—12月总降雨量(X_5)	11—12月白天≥5 ℃有效积温(X_6)	11—12月夜间≥5 ℃有效积温(X_7)
16 金丝桃	0.026	0.287	0.279	0.578*	−0.159	0.355	0.375

表 3.12　常绿灌木始展叶期对前两个月气候因子的响应

常绿灌木	各气候因子	回归方程	气候响应解释
1. 油茶	X_3为1—2月平均最低气温/℃	$Y=-3.297X_3+40.003$	油茶始展叶期与X_3呈显著负相关。1—2月平均最低气温每升高1 ℃，始展叶提早3.3 d
2. 海桐	X_1为1—2月平均气温/℃ X_2为1—2月平均最高气温/℃ X_3为1—2月平均最低气温/℃ X_4为1—2月总日照时数/h X_6为1—2月白天≥5 ℃有效积温/(℃·d) X_7为1—2月夜间≥5 ℃有效积温/(℃·d)	$Y=-6.968X_1-3.341X_2-1.592X_3-0.079X_4-0.679X_6-0.465X_7+7.826$	海桐始展叶期与X_1、X_2、X_3、X_4、X_6、X_7呈极显著负相关。1—2月平均气温每升高1 ℃，始展叶提早7.0 d；1—2月平均最高气温每升高1 ℃，始展叶提早3.3 d；1—2月平均最低气温每升高1 ℃，始展叶提早1.6 d；1—2月总日照时数每增加1 h，始展叶提早0.1 d；1—2月白天≥5 ℃有效积温每升高1 ℃·d，始展叶提早0.7 d；1—2月夜间≥5 ℃有效积温每升高1 ℃·d，始展叶提早0.5 d

续表

常绿灌木	各气候因子	回归方程	气候响应解释
3. 大叶黄杨	X_2为1—2月平均最高气温/℃ X_6为1—2月白天≥5 ℃有效积温/(℃·d) X_7为1—2月夜间≥5 ℃有效积温/(℃·d)	$Y=-6.966X_2-0.315X_6-0.099X_7-15.708$	大叶黄杨始展叶期与X_2、X_6、X_7呈显著负相关。1—2月平均最高气温每升高1 ℃,始展叶提早7.0 d;1—2月白天≥5 ℃有效积温每升高1 ℃·d,始展叶提早0.3 d;1—2月夜间≥5 ℃有效积温每升高1 ℃·d,始展叶提早0.1 d
4. 石楠	X_1为1—2月平均气温/℃ X_2为1—2月平均最高气温/℃ X_3为1—2月平均最低气温/℃ X_6为1—2月白天≥5 ℃有效积温/(℃·d) X_7为1—2月夜间≥5 ℃有效积温/(℃·d)	$Y=-8.035X_1-4.204X_2-2.317X_3-0.391X_6-0.069X_7-22.744$	石楠始展叶期与X_1、X_2、X_3、X_6、X_7呈极显著负相关。1—2月平均气温每升高1 ℃,始展叶提早8.0 d;1—2月平均最高气温每升高1 ℃,始展叶提早4.2 d;1—2月平均最低气温每升高1 ℃,始展叶提早2.3 d;1—2月白天≥5 ℃有效积温每升高1 ℃·d,始展叶提早0.4 d;1—2月夜间≥5 ℃有效积温每升高1 ℃·d,始展叶提早0.1 d
5. 豪猪刺	X_7为1—2月夜间≥5 ℃有效积温/(℃·d)	$Y=-0.075X_7+38.500$	豪猪刺始展叶期与X_7呈显著负相关。1—2月夜间≥5 ℃有效积温每升高1 ℃·d,始展叶提早0.1 d
6. 桂花	X_1为1—2月平均气温/℃ X_2为1—2月平均最高气温/℃ X_6为1—2月白天≥5 ℃有效积温/(℃·d) X_7为1—2月夜间≥5 ℃有效积温/(℃·d)	$Y=-5.178X_1-6.884X_2-1.065X_6-0.780X_7-28.381$	桂花始展叶期与X_1、X_2呈显著负相关,与X_6、X_7呈极显著负相关。1—2月平均气温每升高1 ℃,始展叶提早5.2 d;1—2月平均最高气温每升高1 ℃,始展叶提早6.9 d;1—2月白天≥5 ℃有效积温每升高1 ℃·d,始展叶提早1.1 d;1—2月夜间≥5 ℃有效积温每升高1 ℃·d,始展叶提早0.8 d
7. 含笑	X_4为1—2月总日照时数/h	$Y=-0.079X_4+45.640$	含笑始展叶期与X_4呈显著负相关。1—2月总日照时数每增加1 h,始展叶提早0.1 d
8. 杜鹃	X_1为1—2月平均气温/℃ X_4为1—2月总日照时数/h	$Y=-8.524X_1-0.179X_4+73.697$	杜鹃始展叶期与X_1呈显著负相关,与X_4呈极显著负相关。1—2月平均气温每升高1 ℃,始展叶提早8.5 d;1—2月总日照时数每增加1 h,始展叶提早0.2 d
9. 丝兰	X_2为1—2月平均最高气温/℃	$Y=-4.092X_2+62.649$	丝兰始展叶期与X_2呈显著负相关。1—2月平均最高气温每升高1 ℃,始展叶提早4.1 d
10. 野迎春花	X_1为1—2月平均气温/℃ X_2为1—2月平均最高气温/℃ X_4为1—2月总日照时数/h X_6为1—2月白天≥5 ℃有效积温/(℃·d) X_7为1—2月夜间≥5 ℃有效积温/(℃·d)	$Y=-1.190X_1-9.769X_2-0.003X_4-0.695X_6-0.462X_7-10.198$	野迎春始展叶期与X_1、X_2、X_4、X_6、X_7呈极显著负相关。1—2月平均气温每升高1 ℃,始展叶提早1.2 d;1—2月平均最高气温每升高1 ℃,始展叶提早9.8 d;1—2月总日照时数对始展叶影响很小;1—2月白天≥5 ℃有效积温每升高1 ℃·d,始展叶提早0.7 d;1—2月夜间≥5 ℃有效积温每升高1 ℃·d,始展叶提早0.5 d

续表

常绿灌木	各气候因子	回归方程	气候响应解释
11. 山茶花	X_6为2—3月白天≥10 ℃有效积温/(℃·d) X_7为2—3月夜间≥10 ℃有效积温/(℃·d)	$Y=0.024X_6+0.072X_7+0.49$	山茶花始展叶期与X_6、X_7呈显著正相关。2—3月白天≥10 ℃有效积温每升高1 ℃·d,始展叶延迟0.02 d,影响很小;2—3月夜间≥10 ℃有效积温每升高1 ℃·d,始展叶延迟0.1 d
12. 金丝桃	X_4为11—12月总日照时数/h	$Y=0.178X_4+4.797$	金丝桃始展叶期与X_4呈显著正相关。11—12月总日照时数每增加1 h,始展叶延迟0.2 d

在12个常绿灌木中,历年月平均气温和最高气温对6个常绿灌木植物始展叶有影响,月平均气温每升高1 ℃,始展叶提早1.2～8.5 d,月平均最高气温每升高1 ℃,始展叶提早3.3～9.8 d;月平均最低气温对油茶、海桐、石楠有影响,月平均最低气温每升高1 ℃,油茶始展叶提早3.3 d、海桐始展叶提早1.6 d、石楠提早2.3 d。其他气候因子影响度在1.0 d及以下。

3.1.5 常绿和落叶针叶植物始展叶期对气候生态因子的响应

经11个常绿针叶和2个落叶针叶植物的始展叶期与前两个月气候因子相关统计,有6个针叶植物与气候因子呈显著相关或极显著相关,见表3.13。根据显著相关或极显著相关建立回归方程,并作出响应程度解释,见表3.14。

表3.13 常绿和落叶针叶植物始展叶期与前两个月气候因子的相关系数

常绿和落叶针叶植物	2—3月平均气温(X_1)	2—3月平均最高气温(X_2)	2—3月平均最低气温(X_3)	2—3月总日照时数(X_4)	2—3月总降雨量(X_5)	2—3月白天≥10 ℃有效积温(X_6)	2—3月夜间≥10 ℃有效积温(X_7)
1. 柳杉	−0.617*	−0.693**	−0.297	−0.330	0.207	−0.221	−0.162
2. 日本柳杉	−0.772**	−0.777**	−0.426	−0.284	0.152	−0.312	−0.258
3. 湿地松	−0.544*	−0.515	−0.529	0.143	0.050	−0.135	−0.147
4. 火炬松	−0.631*	−0.672**	−0.643**	−0.103	−0.069	−0.326	−0.315
5. 黑松	−0.458	−0.754*	0.122	−0.513	0.535	−0.175	−0.144
6. 杉木	−0.212	−0.165	−0.059	−0.186	0.329	0.052	0.067
7. 马尾松	−0.377	−0.329	−0.073	0.125	0.415	0.197	0.220
8. 侧柏	−0.223	−0.213	−0.376	−0.140	−0.419	−0.191	−0.179
9. 罗汉松	−0.406	−0.371	−0.316	−0.006	0.062	−0.062	−0.061
	1—2月平均气温(X_1)	1—2月平均最高气温(X_2)	1—2月平均最低气温(X_3)	1—2月总日照时数(X_4)	1—2月总降雨量(X_5)	1—2月白天≥5 ℃有效积温(X_6)	1—2月夜间≥5 ℃有效积温(X_7)
10. 圆柏	−0.262	−0.297	−0.392	−0.075	0.064	−0.377	−0.432
11. 雪松	−0.151	−0.140	−0.229	−0.114	0.187	−0.217	−0.252
12. 金钱松	−0.393	−0.285	−0.384	−0.327	−0.120	−0.331	−0.363
13. 水杉	−0.585*	−0.564*	−0.532*	−0.482*	0.066	−0.658**	−0.682**

表 3.14　常绿和落叶针叶植物始展叶期对前两个月气候因子的响应

常绿和落叶针叶植物	各气候因子	回归方程	气候响应解释
1. 柳杉	X_1为 2—3 月平均气温/℃ X_2为 2—3 月平均最高气温/℃	$Y=-0.385X_1-4.000X_2+80.594$	柳杉始展叶期与 X_1呈显著负相关，与 X_2呈极显著负相关。2—3 月平均气温每升高 1 ℃，始展叶提早 0.4 d;2—3 月平均最高气温每升高 1 ℃，始展叶提早 4.0 d
2. 日本柳杉	X_1为 2—3 月平均气温/℃ X_2为 2—3 月平均最高气温/℃	$Y=-1.806X_1-1.851X_2+67.825$	日本柳杉始展叶期与 X_1、X_2呈极显著负相关。2—3 月平均气温每升高 1 ℃，始展叶提早 1.8 d;2—3 月平均最高气温每升高 1 ℃，始展叶提早 1.9 d
3. 湿地松	X_1为 2—3 月平均气温/℃	$Y=-3.546X_1+55.528$	湿地松始展叶期与 X_1呈显著负相关。2—3 月平均气温每升高 1 ℃，始展叶提早 3.5 d
4. 火炬松	X_1为 2—3 月平均气温/℃ X_2为 2—3 月平均最高气温/℃ X_3为 2—3 月平均最低气温/℃	$Y=-7.686X_1-6.939X_2-5.058X_3+72.461$	火炬松始展叶期与 X_1呈显著负相关，与 X_2、X_3呈极显著负相关。2—3 月平均气温每升高 1 ℃，始展叶提早 7.7 d;2—3 月平均最高气温每升高 1 ℃，始展叶提早 6.9 d;2—3 月平均最低气温每升高 1 ℃，始展叶提早 5.1 d
5. 黑松	X_2为 2—3 月平均最高气温/℃	$Y=-8.230X_2+147.305$	黑松始展叶期与 X_2呈显著负相关。2—3 月平均最高气温每升高 1 ℃，始展叶提早 8.2 d
6. 水杉	X_1为 1—2 月平均气温/℃ X_2为 1—2 月平均最高气温/℃ X_3为 1—2 月平均最低气温/℃ X_4为 1—2 月总日照时数/h X_6为 1—2 月白天≥5 ℃有效积温/(℃·d) X_7为 1—2 月夜间≥5 ℃有效积温/(℃·d)	$Y=-6.044X_1-3.627X_2-2.762X_3-0.009X_4-0.435X_6-0.117X_7-11.623$	水杉始展叶期与 X_1、X_2、X_3、X_4呈显著负相关，与 X_6、X_7呈极显著负相关。1—2 月平均气温每升高 1 ℃，始展叶提早 6.0 d;1—2 月平均最高气温每升高 1 ℃，始展叶提早 3.6 d;1—2 月平均最低气温每升高 1 ℃，始展叶提早 2.8 d;1—2 月白天≥5 ℃有效积温每升高 1 ℃·d，始展叶提早 0.4 d;1—2 月夜间≥5 ℃有效积温每升高 1 ℃·d，始展叶提早 0.1 d;1—2 月总日照时数对水杉始展叶影响微不足道

月平均气温每升高 1 ℃对 6 个常绿和落叶针叶植物始展叶期的影响：柳杉提早 0.4 d、日本柳杉提早 1.8 d、湿地松提早 3.5 d、火炬松提早 7.7 d、水杉提早 6.0 d;月平均最高气温每升高 1 ℃对 5 个常绿和落叶针叶植物始展叶期的影响是提早 1.9～8.2 d;月平均最低气温每升高 1 ℃，火炬松始展叶提早 5.1 d、水杉提早 2.8 d;水杉对日照时数、白天和夜间≥5 ℃有效积温对始展叶天数影响很小，在 0.5 d 以下。

3.1.6　果树始展叶期对气候生态因子的响应

经 7 个常绿和落叶果树的始展叶期与前两个月气候因子相关统计，有 4 个呈显著相关或极显著相关，见表 3.15。根据显著相关或极显著相关建立回归方程，并作出响应程度解释，见表 3.16。

表 3.15　果树始展叶期与前两个月气候因子的相关系数

果树	1—2月平均气温(X_1)	1—2月平均最高气温(X_2)	1—2月平均最低气温(X_3)	1—2月总日照时数(X_4)	1—2月总降雨量(X_5)	1—2月白天≥5 ℃有效积温(X_6)	1—2月夜间≥5 ℃有效积温(X_7)
1. 枇杷	−0.555*	−0.588*	−0.331	−0.689**	0.381	−0.630**	−0.609**
2. 枣树	−0.299	−0.168	−0.335	−0.117	−0.241	−0.244	−0.285
3. 柿树	−0.723**	−0.684**	−0.641**	−0.536*	0.160	−0.738**	−0.745**
4. 桃树	−0.599**	−0.501*	−0.588*	−0.269	0.089	−0.563*	−0.591**
5. 石榴	−0.425	−0.378	−0.373	−0.296	0.044	−0.426	−0.440
6. 柑橘	−0.399	−0.360	−0.488*	−0.186	0.148	−0.458	−0.495*
	2—3月平均气温(X_1)	2—3月平均最高气温(X_2)	2—3月平均最低气温(X_3)	2—3月总日照时数(X_4)	2—3月总降雨量(X_5)	2—3月白天≥10 ℃有效积温(X_6)	2—3月夜间≥10 ℃有效积温(X_7)
7. 杨梅	−0.094	0.102	0.046	0.137	0.006	0.133	0.125

表 3.16　果树始展叶期对前两个月气候因子的响应

果树	各气候因子	回归方程	气候响应解释
1. 枇杷	X_1为1—2月平均气温/℃ X_2为1—2月平均最高气温/℃ X_4为1—2月总日照时数/h X_6为1—2月白天≥5 ℃有效积温/(℃·d) X_7为1—2月夜间≥5 ℃有效积温/(℃·d)	$Y=-5.643X_1-7.626X_2-0.036X_4-0.990X_6-0.700X_7-38.614$	枇杷始展叶期与X_1、X_2呈显著负相关，与X_4、X_6、X_7呈极显著负相关。1—2月平均气温每升高1 ℃，始展叶提早5.6 d；1—2月平均最高气温每升高1 ℃，始展叶提早7.6 d；1—2月白天≥5 ℃有效积温每升高1 ℃·d，始展叶提早1.0 d；1—2月夜间≥5 ℃有效积温每升高1 ℃·d，始展叶提早0.7 d；1—2月总日照时数对始展叶响应甚微
2. 柿树	X_1为1—2月平均气温/℃ X_2为1—2月平均最高气温/℃ X_3为1—2月平均最低气温/℃ X_4为1—2月总日照时数/h X_6为1—2月白天≥5 ℃有效积温/(℃·d) X_7为1—2月夜间≥5 ℃有效积温/(℃·d)	$Y=-6.783X_1-6.010X_2-0.102X_3-0.036X_4-0.701X_6-0.402X_7-17.170$	柿树始展叶期与X_1、X_2、X_3、X_6、X_7呈极显著负相关，与X_4呈显著负相关。1—2月平均气温每升高1 ℃，始展叶提早6.8 d；1—2月平均最高气温每升高1 ℃，始展叶提早6.0 d；1—2月平均最低气温每升高1 ℃，始展叶提早0.1 d；1—2月白天≥5 ℃有效积温每升高1 ℃·d，始展叶提早0.7 d；1—2月夜间≥5 ℃有效积温每升高1 ℃·d，始展叶提早0.4 d；1—2月总日照时数每增加1 h，始展叶仅提早0.04 d
3. 桃树	X_1为1—2月平均气温/℃ X_2为1—2月平均最高气温/℃ X_3为1—2月平均最低气温/℃ X_6为1—2月白天≥5 ℃有效积温/(℃·d) X_7为1—2月夜间≥5 ℃有效积温/(℃·d)	$Y=-8.584X_1-3.909X_2-2.375X_3-0.367X_6-0.075X_7-12.695$	桃树始展叶期与X_1、X_7呈极显著负相关，与X_2、X_3、X_6呈显著负相关。1—2月平均气温每升高1 ℃，始展叶提早8.6 d；1—2月平均最高气温每升高1 ℃，始展叶提早3.9 d；1—2月平均最低气温每升高1 ℃，始展叶提早2.4 d；1—2月白天≥5 ℃有效积温每升高1 ℃·d，始展叶提早0.4 d；1—2月夜间≥5 ℃有效积温每升高1 ℃·d，始展叶提早0.1 d

续表

果树	各气候因子	回归方程	气候响应解释
4. 柑橘	X_3为1—2月平均最低气温/℃ X_7为1—2月夜间≥5 ℃有效积温/(℃·d)	$Y=-1.648X_3-0.038X_7+41.299$	柑橘始展叶期与X_3、X_7呈显著负相关。1—2月平均最低气温每升高1 ℃,始展叶提早1.6 d;1—2月夜间≥5 ℃有效积温每升高1 ℃·d,始展叶提早0.04 d,响应很小

月平均气温每升高1 ℃,枇杷、柿树、桃树始展叶分别提早5.6 d、6.8 d、8.6 d;月平均最高气温每升高1 ℃,枇杷、柿树、桃树始展叶分别提早7.6 d、6.0 d、3.9 d;月平均最低气温每升高1 ℃,柿树、桃树、柑橘始展叶分别提早0.1 d、2.4 d、1.6 d;总日照时数和白天、夜间≥5 ℃有效积温对始展叶天数影响甚微。

3.2 植物始花期对气候生态因子的响应

3.2.1 落叶乔木始花期对气候生态因子的响应

经35个落叶乔木的始花期与前两个月气候因子相关统计,有15个呈显著相关或极显著相关,见表3.17。根据显著相关或极显著相关建立回归方程,并作出响应程度解释,见表3.18。

表3.17 落叶乔木始花期与前两个月气候因子的相关系数

落叶乔木	1—2月平均气温(X_1)	1—2月平均最高气温(X_2)	1—2月平均最低气温(X_3)	1—2月总日照时数(X_4)	1—2月总降雨量(X_5)	1—2月白天≥5 ℃有效积温(X_6)	1—2月夜间≥5 ℃有效积温(X_7)
1. 鹅掌楸	−0.321	−0.260	−0.254	−0.214	−0.318	−0.225	−0.207
2. 加杨	0.280	0.234	0.256	−0.004	0.178	0.110	0.071
3. 肥皂荚	−0.502*	−0.481*	−0.414	−0.469*	0.284	−0.509*	−0.504*
4. 二球悬铃木	−0.414	−0.484*	−0.261	−0.633*	0.390	−0.535*	−0.518*
5. 枫香	−0.127	−0.192	−0.038	−0.354	0.208	−0.213	−0.212
6. 紫穗槐	−0.282	−0.299	−0.262	−0.275	0.107	−0.363	−0.380
7. 白花泡桐	−0.441	−0.470*	−0.377	−0.554*	0.421	−0.524*	−0.542*
8. 苦楝	−0.047	0.034	0.237	−0.279	−0.042	0.083	0.121
9. 构树	−0.530*	−0.547*	−0.462*	−0.387	0.210	−0.566*	−0.558*
10. 蓝果树	−0.161	−0.182	0.158	−0.365	0.232	−0.131	−0.074
11. 白榆	0.208	0.252	−0.085	0.199	−0.242	0.179	0.134
12. 元宝槭	−0.505*	−0.500*	−0.387	−0.514*	0.302	−0.524*	−0.520*
13. 麻栎	−0.772**	−0.770**	−0.554*	−0.701**	0.009	−0.753**	−0.715**
14. 锥栗	0.061	0.092	0.179	−0.348	−0.080	0.095	0.103

续表

落叶乔木	1—2月平均气温(X_1)	1—2月平均最高气温(X_2)	1—2月平均最低气温(X_3)	1—2月总日照时数(X_4)	1—2月总降雨量(X_5)	1—2月白天≥5 ℃有效积温(X_6)	1—2月夜间≥5 ℃有效积温(X_7)
15. 小鸡爪槭	−0.702**	−0.691**	−0.648**	−0.588*	0.294	−0.743**	−0.760**
16. 龙爪槐	−0.101	0.053	0.052	0.066	0.049	0.046	0.051
17. 垂柳	−0.168	−0.312	−0.066	−0.317	0.472	−0.358	−0.347
18. 湖北海棠	−0.857**	−0.884**	−0.713**	−0.677**	0.208	−0.907**	−0.900**
19. 油桐	−0.403	−0.390	−0.503	0.501	0	−0.497	−0.559
20. 枫杨	−0.524*	−0.531*	−0.531*	−0.548*	0.374	−0.626**	−0.655**
21. 合欢	−0.060	−0.098	−0.022	−0.220	0.413	−0.097	−0.060
22. 榉树	−0.771	−0.713	−0.467	−0.501	−0.135	−0.736	−0.745
23. 南酸枣	−0.086	−0.102	0.020	−0.176	0.067	−0.099	−0.067
	3—4月平均气温(X_1)	3—4月平均最高气温(X_2)	3—4月平均最低气温(X_3)	3—4月总日照时数(X_4)	3—4月总降雨量(X_5)	3—4月白天≥10 ℃有效积温(X_6)	3—4月夜间≥10 ℃有效积温(X_7)
24. 黄檀	−0.562	−0.440	0.085	−0.242	0.551	−0.325	−0.181
25. 臭椿	−0.350	−0.359	−0.258	−0.188	0.459*	−0.355	−0.314
26. 乌桕	−0.632**	−0.699**	−0.219	−0.246	0.434	−0.625**	−0.508**
27. 毛红椿	−0.210	0.056	−0.495*	0.024	−0.209	−0.111	−0.210
28. 梓树	−0.355	−0.308	−0.597*	0.022	0.462	−0.533*	−0.646**
29. 板栗	−0.616**	−0.437	−0.683**	−0.309	−0.160	0.089	−0.575*
	4—5月平均气温(X_1)	4—5月平均最高气温(X_2)	4—5月平均最低气温(X_3)	4—5月总日照时数(X_4)	4—5月总降雨量(X_5)	4—5月白天≥10 ℃有效积温(X_6)	4—5月夜间≥10 ℃有效积温(X_7)
30. 梧桐	−0.427	−0.405	−0.080	−0.210	0.161	−0.377	−0.274
31. 喜树	−0.398	−0.306	−0.292	0.123	−0.050	−0.377	−0.367
	6—7月平均气温(X_1)	6—7月平均最高气温(X_2)	6—7月平均最低气温(X_3)	6—7月总日照时数(X_4)	6—7月总降雨量(X_5)	6—7月白天≥10 ℃有效积温(X_6)	6—7月夜间≥10 ℃有效积温(X_7)
32. 复羽叶栾树	0.116	0.086	0.543*	−0.089	−0.460	0.427	0.549*
	7—8月平均气温(X_1)	7—8月平均最高气温(X_2)	7—8月平均最低气温(X_3)	7—8月总日照时数(X_4)	7—8月总降雨量(X_5)	7—8月白天≥10 ℃有效积温(X_6)	7—8月夜间≥10 ℃有效积温(X_7)
33. 榔榆	0.048	0.111	−0.134	−0.204	0.33	0.032	−0.053
	12月—翌年1月平均气温(X_1)	12月—翌年1月平均最高气温(X_2)	12月—翌年1月平均最低气温(X_3)	12月—翌年1月总日照时数(X_4)	12月—翌年1月总降雨量(X_5)	12月—翌年1月白天≥10 ℃有效积温(X_6)	12月—翌年1月夜间≥10 ℃有效积温(X_7)
34. 白玉兰	−0.528*	−0.603**	−0.092	−0.105	−0.051	−0.357	−0.168
35. 檫木	−0.062	−0.258	0.199	−0.271	−0.020	−0.322	−0.243

表 3.18 落叶乔木始花期对前两个月气候因子的响应

落叶乔木	各气候因子	回归方程	气候响应解释
1. 肥皂荚	X_1为1—2月平均气温/℃ X_2为1—2月平均最高气温/℃ X_4为1—2月总日照时数/h X_6为1—2月白天≥5 ℃有效积温/(℃·d) X_7为1—2月夜间≥5 ℃有效积温/(℃·d)	$Y=-3.659X_1-8.052X_2-0.036X_4-0.367X_6-0.235X_7+22.424$	肥皂夹始花期与X_1、X_2、X_4、X_6、X_7呈显著负相关。1—2月平均气温每升高1 ℃,始花期提早3.7 d;1—2月平均最高气温每升高1 ℃,始花期提早8.1 d;1—2月白天≥5 ℃有效积温每升高1 ℃·d,始花期提早0.4 d;1—2月夜间≥5 ℃有效积温每升高1 ℃·d,始花期提早0.2 d;1—2月总日照时数对始花期影响很小
2. 二球悬铃木	X_2为1—2月平均最高气温/℃ X_4为1—2月总日照时数/h X_6为1—2月白天≥5 ℃有效积温/(℃·d) X_7为1—2月夜间≥5 ℃有效积温/(℃·d)	$Y=-9.644X_2-0.057X_4-0.563X_6-0.342X_7-3.266$	二球悬铃木始花期与X_2、X_4、X_6、X_7呈显著负相关。1—2月平均最高气温每升高1 ℃,始花期提早9.6 d;1—2月总日照时数每增加1 h,始花期提早0.06 d;1—2月白天≥5 ℃有效积温每升高1 ℃·d,始花期提早0.6 d;1—2月夜间≥5 ℃有效积温每升高1 ℃·d,始花期提早0.3 d
3. 白花泡桐	X_2为1—2月平均最高气温/℃ X_4为1—2月总日照时数/h X_6为1—2月白天≥5 ℃有效积温/(℃·d) X_7为1—2月夜间≥5 ℃有效积温/(℃·d)	$Y=-0.717X_2-0.151X_4-0.473X_6-0.610X_7+27.581$	白花泡桐始花期与X_2、X_4、X_6、X_7呈显著负相关。1—2月平均最高气温每升高1 ℃,始花期提早0.7 d;1—2月总日照时数每增加1 h,始花期提早0.2 d;1—2月白天≥5 ℃有效积温每升高1 ℃·d,始花期提早0.5 d;1—2月夜间≥5 ℃有效积温每升高1 ℃·d,始花期提早0.6 d
4. 构树	X_1为1—2月平均气温/℃ X_2为1—2月平均最高气温/℃ X_3为1—2月平均最低气温/℃ X_6为1—2月白天≥5 ℃有效积温/(℃·d) X_7为1—2月夜间≥5 ℃有效积温/(℃·d)	$Y=-1.565X_1-7.934X_2-1.320X_3-0.587X_6-0.457X_7+18.478$	构树始花期与X_1、X_2、X_3、X_6、X_7呈显著负相关。1—2月平均气温每升高1 ℃,始花期提早1.6 d;1—2月平均最高气温每升高1 ℃,始花期提早7.9 d;1—2月平均最低气温每升高1 ℃,始花期提早1.3 d;1—2月白天≥5 ℃有效积温每升高1 ℃·d,始花期提早0.6 d;1—2月夜间≥5 ℃有效积温每升高1 ℃·d,始花期提早0.5 d
5. 元宝槭	X_1为1—2月平均气温/℃ X_2为1—2月平均最高气温/℃ X_4为1—2月总日照时数/h X_6为1—2月白天≥5 ℃有效积温/(℃·d) X_7为1—2月夜间≥5 ℃有效积温/(℃·d)	$Y=-3.214X_1-5.796X_2-0.076X_4-0.144X_6-0.026X_7+15.848$	元宝槭始花期与X_1、X_2、X_4、X_6、X_7呈显著负相关。1—2月平均气温每升高1 ℃,始花期提早3.2 d;1—2月平均最高气温每升高1 ℃,始花期提早5.8 d;1—2月总日照时数每增加1 h,始花期提早0.1 d;1—2月白天≥5 ℃有效积温每升高1 ℃·d,始花期提早0.1 d;1—2月夜间≥5 ℃有效积温对始花期影响很小

续表

落叶乔木	各气候因子	回归方程	气候响应解释
6. 麻栎	X_1为1—2月平均气温/℃ X_2为1—2月平均最高气温/℃ X_3为1—2月平均最低气温/℃ X_4为1—2月总日照时数/h X_6为1—2月白天≥5 ℃有效积温/(℃·d) X_7为1—2月夜间≥5 ℃有效积温/(℃·d)	$Y=-4.451X_1-11.984X_2-4.665X_3-0.080X_4-1.023X_6-0.964X_7+6.208$	麻栎始花期与X_1、X_2、X_4、X_6、X_7呈极显著负相关，与X_3呈显著负相关。1—2月平均气温每升高1 ℃，始花期提早4.5 d；1—2月平均最高气温每升高1 ℃，始花期提早12.0 d；1—2月平均最低气温每升高1 ℃，始花期提早4.7 d；1—2月总日照时数每增加1 h，始花期提早0.1 d；1—2月白天≥5 ℃有效积温每升高1 ℃·d，始花期提早1.0 d；1—2月夜间≥5 ℃有效积温每升高1 ℃·d，始花期提早1.0 d
7. 小鸡爪槭	X_1为1—2月平均气温/℃ X_2为1—2月平均最高气温/℃ X_3为1—2月平均最低气温/℃ X_4为1—2月总日照时数/h X_6为1—2月白天≥5 ℃有效积温/(℃·d) X_7为1—2月夜间≥5 ℃有效积温/(℃·d)	$Y=-1.684X_1-6.616X_2-2.657X_3-0.130X_4-0.004X_6-0.171X_7+16.260$	小鸡爪槭始花期与X_1、X_2、X_3、X_6、X_7呈极显著负相关，与X_4呈显著负相关。1—2月平均气温每升高1 ℃，始花期提早1.7 d；1—2月平均最高气温每升高1 ℃，始花期提早6.6 d；1—2月平均最低气温每升高1 ℃，始花期提早2.7 d；1—2月总日照时数每增加1 h，始花期提早0.1 d；1—2月夜间≥5 ℃有效积温每升高1 ℃·d，始花期提早0.2 d；1—2月白天≥5 ℃有效积温对始花期影响很小
8. 湖北海棠	X_1为1—2月平均气温/℃ X_2为1—2月平均最高气温/℃ X_3为1—2月平均最低气温/℃ X_4为1—2月总日照时数/h X_6为1—2月白天≥5 ℃有效积温/(℃·d) X_7为1—2月夜间≥5 ℃有效积温/(℃·d)	$Y=-2.961X_1-5.533X_2-0.314X_3-0.036X_4-0.273X_6-0.114X_7+17.298$	湖北海棠始花期与X_1、X_2、X_3、X_4、X_6、X_7呈极显著负相关。1—2月平均气温每升高1 ℃，始花期提早3.0 d；1—2月平均最高气温每升高1 ℃，始花期提早5.5 d；1—2月平均最低气温每升高1 ℃，始花期提早0.3 d；1—2月总日照时数对始花期影响很小；1—2月白天≥5 ℃有效积温每升高1 ℃·d，始花期提早0.3 d；1—2月夜间≥5 ℃有效积温每升高1 ℃·d，始花期提早0.1 d
9. 枫杨	X_1为1—2月平均气温/℃ X_2为1—2月平均最高气温/℃ X_3为1—2月平均最低气温/℃ X_4为1—2月总日照时数/h X_6为1—2月白天≥5 ℃有效积温/(℃·d) X_7为1—2月夜间≥5 ℃有效积温/(℃·d)	$Y=-0.461X_1-13.480X_2-5.418X_3-0.172X_4-0.384X_6-0.109X_7-15.053$	枫杨始花期与X_1、X_2、X_3、X_4呈显著负相关，与X_6、X_7呈极显著负相关。1—2月平均气温每升高1 ℃，始花期提早0.5 d；1—2月平均最高气温每升高1 ℃，始花期提早13.5 d；1—2月平均最低气温每升高1 ℃，始花期提早5.4 d；1—2月总日照时数每增加1 h，始花期提早0.2 d；1—2月白天≥5 ℃有效积温每升高1 ℃·d，始花期提早0.4 d；1—2月夜间≥5 ℃有效积温每升高1 ℃·d，始花期提早0.1 d
10. 臭椿	X_5为3—4月总降雨量/mm	$Y=-0.007X_5+0.992$	臭椿始花期与X_5呈显著负相关，但3—4月总降雨量对始花期影响很小

续表

落叶乔木	各气候因子	回归方程	气候响应解释
11. 乌桕	X_1为3—4月平均气温/℃ X_2为3—4月平均最高气温/℃ X_6为3—4月白天≥10 ℃有效积温/(℃·d) X_7为3—4月夜间≥10 ℃有效积温/(℃·d)	$Y=-1.024X_1-2.050X_2-0.080X_6-0.077X_7+99.213$	乌桕始花期与X_1、X_2、X_6、X_7呈极显著负相关。3—4月平均气温每升高1 ℃,始花期提早1.0 d;3—4月平均最高气温每升高1 ℃,始花期提早2.1 d;3—4月白天≥10 ℃有效积温每升高1 ℃·d,始花期提早0.1 d;3—4月夜间≥10 ℃有效积温每升高1 ℃·d,始花期提早0.1 d
12. 毛红椿	X_3为3—4月平均最低气温/℃	$Y=-5.342X_3+76.917$	毛红椿始花期与X_3呈显著负相关。3—4月平均最低气温每升高1 ℃,始花期提早5.3 d
13. 梓树	X_3为3—4月平均最低气温/℃ X_6为3—4月白天≥10 ℃有效积温/(℃·d) X_7为3—4月夜间≥10 ℃有效积温/(℃·d)	$Y=-0.447X_3-0.188X_6-0.357X_7+37.833$	梓树始花期与X_3、X_6呈显著负相关,与X_7呈极显著负相关。3—4月平均最低气温每升高1 ℃,始花期提早0.4 d;3—4月白天≥10 ℃有效积温每升高1 ℃·d,始花期提早0.2 d;3—4月夜间≥10 ℃有效积温每升高1 ℃·d,始花期提早0.4 d
14. 白玉兰	X_1为12月—翌年1月平均气温/℃ X_2为12月—翌年1月平均最高气温/℃	$Y=-2.071X_1-3.046X_2+67.953$	白玉兰始花期与X_1呈显著负相关,与X_2呈极显著负相关。12月—翌年1月平均气温每升高1 ℃,始花期提早2.1 d;12月—翌年1月平均最高气温每升高1 ℃,始花期提早3.0 d
15. 板栗	X_1为3—4月平均气温/℃ X_3为3—4月平均最低气温/℃ X_7为3—4月夜间≥10 ℃有效积温/(℃·d)	$Y=-0.679X_1-2.426X_3+0.032X_7+61.523$	板栗始花期与X_1、X_3呈极显著负相关,与X_7呈显著正相关。3—4月平均气温每升高1 ℃,始花期提早0.7 d;3—4月平均最低气温每升高1 ℃,始花期提早2.4 d;始花期对3—4月夜间≥10 ℃有效积温响应很小

15个落叶乔木始花期有10个对月平均气温和12个对月平均最高气温有响应,月平均气温每升高1 ℃,始花期提早0.5～4.5 d;月平均最高气温每升高1 ℃,始花期提早0.7～13.5 d;月平均最低气温每升高1 ℃,有7个始花期提早0.3～5.4 d;其他气候因子响应甚微。

3.2.2 落叶灌木始花期对气候生态因子的响应

经13个落叶灌木的始花期与前两个月气候因子相关统计,有10个呈显著相关或极显著相关,见表3.19。根据显著相关或极显著相关建立回归方程,并作出响应程度解释,见表3.20。

表3.19 落叶灌木始花期与前两个月气候因子的相关系数

落叶灌木	1—2月平均气温(X_1)	1—2月平均最高气温(X_2)	1—2月平均最低气温(X_3)	1—2月总日照时数(X_4)	1—2月总降雨量(X_5)	1—2月白天≥5 ℃有效积温(X_6)	1—2月夜间≥5 ℃有效积温(X_7)
1. 日本樱花	−0.473*	−0.463	−0.487*	−0.259	0.181	−0.558*	−0.585*
2. 二乔玉兰	−0.558*	−0.640**	−0.337	−0.801**	0.631**	−0.670**	−0.649**

续表

落叶灌木	1—2月平均气温(X_1)	1—2月平均最高气温(X_2)	1—2月平均最低气温(X_3)	1—2月总日照时数(X_4)	1—2月总降雨量(X_5)	1—2月白天≥5 ℃有效积温(X_6)	1—2月夜间≥5 ℃有效积温(X_7)
3. 羽毛枫	−0.706*	−0.629	−0.738*	−0.275	0.068	−0.710*	−0.762*
4. 紫荆	−0.739**	−0.778**	−0.587**	−0.625**	0.249	−0.796**	−0.785**
5. 红叶碧桃	−0.670**	−0.692**	−0.577*	−0.563*	0.474	−0.750**	−0.762**
6. 木瓜	−0.664**	−0.688**	−0.591*	−0.580*	0.238	−0.738**	−0.752**
7. 丝棉木	−0.435	−0.507*	−0.323	−0.532*	0.435	−0.521*	−0.511*
8. 日本晚樱	−0.473*	−0.493*	−0.463	−0.344	0.218	−0.576*	−0.591*
9. 绣球	−0.385	−0.473	−0.243	−0.179	0.338	−0.536*	−0.552*
10. 木槿	−0.101	−0.115	−0.321	−0.039	−0.313	−0.152	−0.191
	5—6月平均气温(X_1)	5—6月平均最高气温(X_2)	5—6月平均最低气温(X_3)	5—6月总日照时数(X_4)	5—6月总降雨量(X_5)	5—6月白天≥10 ℃有效积温(X_6)	5—6月夜间≥10 ℃积温(X_7)
11. 紫薇	−0.318	−0.361	−0.263	−0.060	0.179	−0.363	−0.323
	10—11月平均气温(X_1)	10—11月平均最高气温(X_2)	10—11月平均最低气温(X_3)	10—11月总日照时数(X_4)	10—11月总降雨量(X_5)	10—11月白天≥10 ℃有效积温(X_6)	10—11月夜间≥10 ℃积温(X_7)
12. 蜡梅	0.154	−0.222	0.078	−0.577*	0.102	0.017	0.069
	12月—翌年1月平均气温(X_1)	12月—翌年1月平均最高气温(X_2)	12月—翌年1月平均最低气温(X_3)	12月—翌年1月总日照时数(X_4)	12月—翌年1月总降雨量(X_5)	12月—翌年1月白天≥5 ℃有效积温(X_6)	12月—翌年1月夜间≥5 ℃有效积温(X_7)
13. 金钟花	−0.204	−0.099	0.144	−0.093	−0.318	−0.040	0.015

表 3.20 落叶灌木始花期对前两个月气候因子的响应

落叶灌木	各气候因子	回归方程	气候响应解释
1. 日本樱花	X_1为1—2月平均气温/℃ X_3为1—2月平均最低气温/℃ X_6为1—2月白天≥5 ℃有效积温/(℃·d) X_7为1—2月夜间≥5 ℃有效积温/(℃·d)	$Y=-0.247X_1-1.573X_3-0.183X_6-0.280X_7+29.963$	日本樱花始花期与X_1、X_3、X_6、X_7呈显著负相关。1—2月平均气温每升高1 ℃,始花期提早0.2 d;1—2月平均最低气温每升高1 ℃,始花期提早1.6 d;1—2月白天≥5 ℃有效积温每升高1 ℃·d,始花期提早0.2 d;1—2月夜间≥5 ℃有效积温每升高1 ℃·d,始花期提早0.3 d
2. 二乔玉兰	X_1为1—2月平均气温/℃ X_2为1—2月平均最高气温/℃ X_4为1—2月总日照时数/h X_5为1—2月总降雨量/mm X_6为1—2月白天≥5 ℃有效积温/(℃·d) X_7为1—2月夜间≥5 ℃有效积温/(℃·d)	$Y=-1.283X_1-2.620X_2-0.133X_4-0.048X_5-0.111X_6-0.057X_7+19.106$	二乔玉兰始花期与X_1呈显著负相关,与X_2、X_4、X_5、X_6、X_7呈极显著负相关。1—2月平均气温每升高1 ℃,始花期提早1.3 d;1—2月平均最高气温每升高1 ℃,始花期提早2.6 d;1—2月总日照时数每增加1 h,始花期提早0.1 d;1—2月总降雨量每增加1 mm,始花期提早0.1 d;1—2月白天≥5 ℃有效积温每升高1 ℃·d,始花期提早0.1 d;1—2月夜间≥5 ℃有效积温每升高1 ℃·d,始花期提早0.1 d

续表

落叶灌木	各气候因子	回归方程	气候响应解释
3. 羽毛枫	X_1为1—2月平均气温/℃ X_3为1—2月平均最低气温/℃ X_6为1—2月白天≥5 ℃有效积温/(℃·d) X_7为1—2月夜间≥5 ℃有效积温/(℃·d)	$Y=-2.479X_1-2.066X_3-0.279X_6-0.374X_7+38.540$	羽毛枫始花期与X_1、X_3、X_6、X_7呈显著负相关。1—2月平均气温每升高1 ℃,始花期提早2.5 d;1—2月平均最低气温每升高1 ℃,始花期提早2.1 d;1—2月白天≥5 ℃有效积温每升高1 ℃·d,始花期提早0.3 d;1—2月夜间≥5 ℃有效积温每升高1 ℃·d,始花期提早0.4 d
4. 紫荆	X_1为1—2月平均气温/℃ X_2为1—2月平均最高气温/℃ X_3为1—2月平均最低气温/℃ X_4为1—2月总日照时数/h X_6为1—2月白天≥5 ℃有效积温/(℃·d) X_7为1—2月夜间≥5 ℃有效积温/(℃·d)	$Y=-5.087X_1-7.075X_2-4.491X_3-0.014X_4-0.309X_6-0.073X_7+12.517$	紫荆始花期与X_1、X_2、X_3、X_4、X_6、X_7呈极显著负相关。1—2月平均气温每升高1 ℃,始花期提早5.1 d;1—2月平均最高气温每升高1 ℃,始花期提早7.1 d;1—2月平均最低气温每升高1 ℃,始花期提早4.5 d;1—2月白天≥5 ℃有效积温每升高1 ℃·d,始花期提早0.3 d;1—2月夜间≥5 ℃有效积温每升高1 ℃·d,始花期提早0.1 d;1—2月总日照时数对始花期影响很小
5. 红叶碧桃	X_1为1—2月平均气温/℃ X_2为1—2月平均最高气温/℃ X_3为1—2月平均最低气温/℃ X_4为1—2月总日照时数/h X_6为1—2月白天≥5 ℃有效积温/(℃·d) X_7为1—2月夜间≥5 ℃有效积温/(℃·d)	$Y=-5.969X_1-10.219X_2-3.900X_3-0.018X_4-0.265X_6-0.036X_7-0.595$	红叶碧桃始花期与X_1、X_2、X_6、X_7呈极显著负相关,与X_3、X_4呈显著负相关。1—2月平均气温每升高1 ℃,始花期提早6.0 d;1—2月平均最高气温每升高1 ℃,始花期提早10.2 d;1—2月平均最低气温每升高1 ℃,始花期提早3.9 d;1—2月白天≥5 ℃有效积温每升高1 ℃·d,始花期提早0.3 d;1—2月夜间≥5 ℃有效积温每升高1 ℃·d,始花期提早0.04 d,响应小;1—2月总日照时数对始花期响应很小
6. 木瓜	X_1为1—2月平均气温/℃ X_2为1—2月平均最高气温/℃ X_3为1—2月平均最低气温/℃ X_4为1—2月总日照时数/h X_6为1—2月白天≥5 ℃有效积温/(℃·d) X_7为1—2月夜间≥5 ℃有效积温/(℃·d)	$Y=-3.723X_1-6.870X_2-1.661X_3-0.040X_4-0.041X_6-0.208X_7+14.977$	木瓜始花期与X_1、X_2、X_6、X_7呈极显著负相关,与X_3、X_4呈显著负相关。1—2月平均气温每升高1 ℃,始花期提早3.7 d;1—2月平均最高气温每升高1 ℃,始花期提早6.9 d;1—2月平均最低气温每升高1 ℃,始花期提早1.7 d;1—2月夜间≥5 ℃有效积温每升高1 ℃·d,始花期提早0.2 d;1—2月总日照时数和1—2月白天≥5 ℃有效积温对始花期影响很小
7. 丝棉木	X_2为1—2月平均最高气温/℃ X_4为1—2月总日照时数/h X_6为1—2月白天≥5 ℃有效积温/(℃·d) X_7为1—2月夜间≥5 ℃有效积温/(℃·d)	$Y=-0.412X_2-0.044X_4-0.029X_6-0.065X_7+64.234$	丝棉木始花期与X_2、X_4、X_6、X_7呈显著负相关。1—2月平均最高气温每升高1 ℃,始花期提早0.4 d;1—2月夜间≥5 ℃有效积温每升高1 ℃·d,始花期提早0.1 d;1—2月总日照时数和1—2月白天≥5 ℃有效积温对始花期影响很小

续表

落叶灌木	各气候因子	回归方程	气候响应解释
8. 日本晚樱	X_1为1—2月平均气温/℃ X_2为1—2月平均最高气温/℃ X_6为1—2月白天≥5 ℃有效积温/(℃·d) X_7为1—2月夜间≥5 ℃有效积温/(℃·d)	$Y=-2.193X_1-11.428X_2-0.546X_6-0.296X_7-12.050$	日本晚樱始花期与X_1、X_2、X_6、X_7呈显著负相关。1—2月平均气温每升高1 ℃,始花期提早2.2 d;1—2月平均最高气温每升高1 ℃,始花期提早11.4 d;1—2月白天≥5 ℃有效积温每升高1 ℃·d,始花期提早0.6 d;1—2月夜间≥5 ℃有效积温每升高1 ℃·d,始花期提早0.3 d
9. 绣球	X_6为1—2月白天≥5 ℃有效积温/(℃·d) X_7为1—2月夜间≥5 ℃有效积温/(℃·d)	$Y=-0.011X_6-0.096X_7+43.836$	绣球始花期与X_6、X_7呈显著负相关。1—2月白天≥5 ℃有效积温对始花期响应甚微;1—2月夜间≥5 ℃有效积温每升高1 ℃·d,始花期仅提早0.1 d
10. 蜡梅	X_4为10—11月总日照时数/h	$Y=-0.065X_4+31.059$	蜡梅始花期与X_4呈显著负相关。10—11月总日照时数对始花期响应很小

10个落叶灌木始花期有7个月平均气温每升高1 ℃,始花期提早0.2~6.0 d;月平均最高气温每升高1 ℃,有6个始花期提早,0.4~11.4 d;月平均最低气温每升高1 ℃,有5个始花期提前1.6~4.5 d;始花期对其他气候因子响应甚微。

3.2.3 常绿乔木始花期对气候生态因子的响应

经18个常绿乔木的始花期与前两个月气候因子相关统计,有12个呈显著相关或极显著相关,见表3.21。根据显著相关或极显著相关建立回归方程,并作出响应程度解释,见表3.22。17个常绿乔木的始花期与冬季气候因子统计,16个呈显著相关或极显著相关,见表3.23。根据显著相关或极显著相关建立回归方程,并作出响应程度解释,见表3.24。

表3.21 常绿乔木始花期与前两个月气候因子的相关系数

常绿乔木	3—4月平均气温(X_1)	3—4月平均最高气温(X_2)	3—4月平均最低气温(X_3)	3—4月总日照时数(X_4)	3—4月总降雨量(X_5)	3—4月白天≥10 ℃有效积温(X_6)	3—4月夜间≥10 ℃有效积温(X_7)
1. 木荷	−0.356	−0.268	−0.183	−0.052	−0.045	−0.182	−0.124
2. 珊瑚树	−0.428	−0.552*	−0.139	−0.538*	0.565*	−0.542*	−0.464
3. 女贞	−0.462*	−0.500*	−0.338	−0.037	0.186	−0.53*	−0.479*
4. 广玉兰	−0.850**	−0.686**	−0.528**	−0.263	0.343	−0.755**	−0.729**
5. 巴东木莲	−0.470*	−0.328	−0.512*	−0.045	0.059	−0.483*	−0.570*
6. 冬青	−0.380	−0.337	−0.488*	−0.444	0.505*	−0.471	−0.526
	2—3月平均气温(X_1)	2—3月平均最高气温(X_2)	2—3月平均最低气温(X_3)	2—3月总日照时数(X_4)	2—3月总降雨量(X_5)	2—3月白天≥10 ℃有效积温(X_6)	2—3月夜间≥10 ℃积温(X_7)
7. 樟树	−0.552*	−0.593**	−0.448	−0.071	0.345	−0.135	−0.124

续表

	2—3月平均气温(X_1)	2—3月平均最高气温(X_2)	2—3月平均最低气温(X_3)	2—3月总日照时数(X_4)	2—3月总降雨量(X_5)	2—3月白天≥10 ℃有效积温(X_6)	2—3月夜间≥10 ℃积温(X_7)
8. 大叶樟	−0.199	−0.169	−0.030	−0.484*	−0.184	−0.389	−0.337
9. 苦槠	−0.013	−0.321	0.597	−0.548	0.823*	0.253	0.302
10. 阴香	−0.420	−0.358	−0.156	0	0.303	0.040	0.053
	1—2月平均气温(X_1)	1—2月平均最高气温(X_2)	1—2月平均最低气温(X_3)	1—2月总日照时数(X_4)	1—2月总降雨量(X_5)	1—2月白天≥5 ℃有效积温(X_6)	1—2月夜间≥5 ℃有效积温(X_7)
11. 乐昌含笑	−0.654**	−0.731**	−0.472	−0.670**	0.444	−0.748**	−0.731**
12. 棕榈	−0.188	−0.175	−0.334	−0.044	0.177	−0.274	−0.317
13. 红翅槭	−0.629**	−0.688**	−0.433	−0.713**	0.351	−0.733**	−0.732**
	12月—翌年1月平均气温(X_1)	12月—翌年1月平均最高气温(X_2)	12月—翌年1月平均最低气温(X_3)	12月—翌年1月总日照时数(X_4)	12月—翌年1月总降雨量(X_5)	12月—翌年1月白天≥5 ℃有效积温(X_6)	12月—翌年1月夜间≥5 ℃有效积温(X_7)
14. 醉香含笑	−0.217	−0.185	0.005	−0.010	−0.004	−0.126	−0.111
15. 深山含笑	−0.617*	−0.512	−0.567	−0.257	0.045	−0.646*	−0.736**
	9—10月平均气温(X_1)	9—10月平均最高气温(X_2)	9—10月平均最低气温(X_3)	9—10月总日照时数(X_4)	9—10月总降雨量(X_5)	9—10月白天≥10 ℃有效积温(X_6)	9—10月夜间≥10 ℃有效积温(X_7)
16. 四川山矾	0.156	−0.131	0.468	−0.118	−0.515	0.202	0.354
	4—5月平均气温(X_1)	4—5月平均最高气温(X_2)	4—5月平均最低气温(X_3)	4—5月总日照时数(X_4)	4—5月总降雨量(X_5)	4—5月白天≥10 ℃有效积温(X_6)	4—5月夜间≥10 ℃有效积温(X_7)
17. 山杜英	−0.632**	−0.610**	0.158	0.029	0.283	−0.442	−0.237
	6—7月平均气温(X_1)	6—7月平均最高气温(X_2)	6—7月平均最低气温(X_3)	6—7月总日照时数(X_4)	6—7月总降雨量(X_5)	6—7月白天≥10 ℃有效积温(X_6)	6—7月夜间≥10 ℃有效积温(X_7)
18. 石栎	−0.072	0.076	0.163	0.136	−0.164	0.140	0.157

表 3.22 常绿乔木始花期对前两个月气候因子的响应

常绿乔木	各气候因子	回归方程	气候响应解释
1. 珊瑚树	X_2为3—4月平均最高气温/℃ X_4为3—4月总日照时数/h X_5为3—4月总降雨量/mm X_6为3—4月白天≥10 ℃有效积温/(℃·d)	$Y=-1.517X_2-0.023X_4+0.014X_5-0.007X_6+50.382$	珊瑚树始花期与X_2、X_4、X_6呈显著负相关，与X_5呈显著正相关。3—4月平均最高气温每升高1 ℃，始花期提早1.5 d；3—4月总日照时数、3—4月总降雨量和3—4月白天≥10 ℃有效积温对始花期响应很小

续表

常绿乔木	各气候因子	回归方程	气候响应解释
2. 女贞	X_1为3—4月平均气温/℃ X_2为3—4月平均最高气温/℃ X_6为3—4月白天≥10 ℃有效积温/(℃·d) X_7为3—4月夜间≥10 ℃有效积温/(℃·d)	$Y=-0.312X_1-9.427X_2-0.672X_6-0.431X_7-12.394$	女贞始花期与X_1、X_2、X_6、X_7呈显著负相关。3—4月平均气温每升高1 ℃，始花期提早0.3 d；3—4月平均最高气温每升高1 ℃，始花期提早9.4 d；3—4月白天≥10 ℃有效积温每升高1 ℃·d，始花期提早0.7 d；3—4月夜间≥10 ℃有效积温每升高1 ℃·d，始花期提早0.4 d
3. 广玉兰	X_1为3—4月平均气温/℃ X_2为3—4月平均最高气温/℃ X_3为3—4月平均最低气温/℃ X_6为3—4月白天≥10 ℃有效积温/(℃·d) X_7为3—4月夜间≥10 ℃有效积温/(℃·d)	$Y=-4.636X_1-2.198X_2-1.565X_3-0.014X_6-0.057X_7+42.791$	广玉兰始花期与X_1、X_2、X_3、X_6、X_7呈极显著负相关。3—4月平均气温每升高1 ℃，始花期提早4.6 d；3—4月平均最高气温每升高1 ℃，始花期提早2.2 d；3—4月平均最低气温每升高1 ℃，始花期提早1.6 d；3—4月白天≥10 ℃有效积温每升高1 ℃·d，始花期提早0.01 d，响应很弱；3—4月夜间≥10 ℃有效积温每升高1 ℃·d，始花期提早0.1 d
4. 巴东木莲	X_1为3—4月平均气温/℃ X_3为3—4月平均最低气温/℃ X_6为3—4月白天≥10 ℃有效积温/(℃·d) X_7为3—4月夜间≥10 ℃有效积温/(℃·d)	$Y=-3.110X_1-1.799X_3-0.203X_6-0.262X_7+37.833$	巴东木莲始花期与X_1、X_3、X_6、X_7呈显著负相关。3—4月平均气温每升高1 ℃，始花期提早3.1 d；3—4月平均最低气温每升高1 ℃，始花期提早1.8 d；3—4月白天≥10 ℃有效积温每升高1 ℃·d，始花期提早0.2 d；3—4月夜间≥10 ℃有效积温每升高1 ℃·d，始花期提早0.3 d
5. 冬青	X_3为3—4月平均最低气温/℃ X_5为3—4月总降雨量/mm	$Y=-1.286X_3+0.009X_5+14.727$	冬青始花期与X_3呈显著负相关，与X_5呈显著正相关。3—4月平均最低气温每升高1 ℃，始花期提早1.3 d；对3—4月总降雨量响应程度很弱
6. 樟树	X_1为2—3月平均气温/℃ X_2为2—3月平均最高气温/℃	$Y=-0.423X_1-1.844X_2+47.770$	樟树始花期与X_1呈显著负相关，与X_2呈极显著负相关。2—3月平均气温每升高1 ℃，始花期提早0.4 d；2—3月平均最高气温每升高1 ℃，始花期提早1.8 d
7. 大叶樟	X_4为2—3月总日照时数/h	$Y=-0.048X_4+26.510$	大叶樟始花期与X_4呈显著负相关。2—3月总日照时数每增加1 h，始花期提早0.1 d
8. 苦槠	X_5为2—3月总降雨量/mm	$Y=0.022X_5+6.742$	苦槠始花期与X_5呈显著正相关。2—3月总降雨量对始花期的影响程度很弱，2—3月总降雨量每增加1 mm，始花期仅延迟0.02 d
9. 乐昌含笑	X_1为1—2月平均气温/℃ X_2为1—2月平均最高气温/℃ X_4为1—2月总日照时数/h X_6为1—2月白天≥5 ℃有效积温/(℃·d) X_7为1—2月夜间≥5 ℃有效积温/(℃·d)	$Y=-0.003X_1-3.746X_2-0.042X_4-0.327X_6-0.195X_7+20.662$	乐昌含笑始花期与X_1、X_2、X_4、X_6、X_7呈极显著负相关。1—2月平均最高气温每升高1 ℃，始花期提早3.7 d；1—2月白天≥5 ℃有效积温每升高1 ℃·d，始花期提早0.3 d；1—2月夜间≥5 ℃有效积温每升高1 ℃·d，始花期提早0.2 d；1—2月总日照时数每增加1 h，始花期提早0.04 d；1—2月平均气温对始花期响应很小

续表

常绿乔木	各气候因子	回归方程	气候响应解释
10. 红翅槭	X_1为1—2月平均气温/℃ X_2为1—2月平均最高气温/℃ X_4为1—2月总日照时数/h X_6为1—2月白天≥5 ℃有效积温/(℃·d) X_7为1—2月夜间≥5 ℃有效积温/(℃·d)	$Y=-0.956X_1-5.493X_2-0.079X_4-0.154X_6-0.021X_7+4.719$	红翅槭始花期与X_1、X_2、X_4、X_6、X_7呈极显著负相关。1—2月平均气温每升高1 ℃，始花期提早1.0 d；1—2月平均最高气温每升高1 ℃，始花期提早5.5 d；1—2月总日照时数每增加1 h，始花期提早0.1 d；1—2月白天≥5 ℃有效积温每升高1 ℃·d，始花期提早0.2 d；1—2月夜间≥5 ℃有效积温每升高1 ℃·d始花期提早0.02 d
11. 深山含笑	X_1为12月—翌年1月平均气温/℃ X_6为12月—翌年1月白天≥5 ℃有效积温/(℃·d) X_7为12月—翌年1月夜间≥5 ℃有效积温/(℃·d)	$Y=-1.684X_1-0.241X_6-0.543X_7+44.591$	深山含笑始花期与X_1、X_6、X_7呈显著负相关。12月—翌年1月平均气温每升高1 ℃，始花期提早1.7 d；12月—翌年1月白天≥5 ℃有效积温每升高1 ℃·d，始花期提早0.2 d；12月—翌年1月夜间≥5 ℃有效积温每升高1 ℃·d，始花期提早0.5 d
12. 山杜英	X_1为4—5月平均气温/℃ X_2为4—5月平均最高气温/℃	$Y=-1.869X_1-0.870X_2+87.265$	山杜英始花期与X_1、X_2呈极显著负相关。4—5月平均气温每升高1 ℃，始花期提早1.9 d；4—5月平均最高气温每升高1 ℃，始花期提早0.9 d

12个常绿乔木始花期前两个月月平均气温每升高1 ℃，有8个始花期提早0.3～4.6 d(乐昌含笑响应很小，忽略不计)；月平均最高气温每升高1 ℃，始花期提早0.9～9.4 d；月平均最低气温每升高1 ℃，广玉兰始花期提早1.6 d、巴东木莲提早1.8 d、冬青提早1.3 d；其他气候因子响应在1.0 d以下。

表3.23　常绿乔木始花期与冬季气候因子的相关系数

常绿乔木	冬季平均气温(X_1)	冬季平均最高气温(X_2)	冬季平均最低气温(X_3)	冬季总日照时数(X_4)	冬季总降雨量(X_5)
1. 木荷	0.228	0.35909*	0.189	−0.29117*	0.31649*
2. 珊瑚树	−0.28236*	−0.29784*	−0.034	0.32167*	0.028
3. 樟树	0.131	0.2132*	0.117	−0.18329*	0.24375*
4. 大叶樟	−0.50661**	−0.55224**	−0.218	0.48176**	−0.362
5. 四川山矾	−0.09*	0.158*	−0.273*	0.032	0.090
6. 苦槠	0.399*	0.146	0.668**	−0.469*	0.306
7. 乐昌含笑	0.401	0.282	0.537**	−0.427**	0.403*
8. 女贞	0.204	0.292	0.403*	−0.376*	0.352*
9. 阴香	0.11748*	0.029	−0.14874*	0.0586*	0.004
10. 山杜英	0.067	−0.126*	0.16*	−0.055	−0.161*
11. 石栎	0.006	−0.044*	−0.052*	0.070*	−0.016
12. 广玉兰	−0.155*	0.002	−0.358*	0.145	−0.226*
13. 醉香含笑	−0.248*	−0.125	−0.161*	0.193*	−0.025
14. 巴东木莲	−0.14958*	−0.098	−0.09825*	0.11855*	−0.075

续表

常绿乔木	冬季平均气温(X_1)	冬季平均最高气温(X_2)	冬季平均最低气温(X_3)	冬季总日照时数(X_4)	冬季总降雨量(X_5)
15. 红翅槭	0.405*	0.226	0.231*	−0.192	0.364*
16. 深山含笑	0.441	0.54776*	0.415	−0.45307*	0.73085**
17. 冬青	0.260*	0.172	0.258*	−0.171	0.276*

表 3.24　常绿乔木始花期对冬季气候因子的响应

常绿乔木	各气候因子	回归方程	气候响应解释
1. 木荷	X_2为冬季平均最高气温/℃ X_4为冬季总日照时数/h X_5为冬季总降雨量/mm	$Y=1.881X_2-0.015X_4+0.013X_5-6.791$	木荷始花期与X_2、X_5呈显著正相关，与X_4呈显著负相关。冬季平均最高气温每升高1℃，始花期延迟1.9 d；冬季总日照时数每增加1 h，始花期提早0.02 d；冬季总降雨量每增加1 mm，始花期延迟0.01 d；始花期对总降雨量和日照时数响应很小
2. 珊瑚树	X_1为冬季平均气温/℃ X_2为冬季平均最高气温/℃ X_4为冬季总日照时数/h	$Y=-0.717X_1-0.245X_2+0.028X_4+2.226$	珊瑚树始花期与X_1、X_2呈显著负相关，与X_4呈显著正相关。冬季平均气温每升高1℃，始花期提早0.7 d；冬季平均最高气温每升高1℃，始花期提早0.2 d；冬季总日照时数每增加1 h，始花期延迟0.03 d
3. 樟树	X_2为冬季平均最高气温/℃ X_4为冬季总日照时数/h X_5为冬季总降雨量/mm	$Y=0.482X_2-0.009X_4+0.013X_5+7.574$	樟树始花期与X_2、X_5呈显著正相关，与X_4呈显著负相关。冬季平均最高气温每升高1℃，始花期延迟0.5 d；冬季总降雨量每增加1 mm，始花期延迟0.01 d；冬季总日照时数每增加1 h，始花期提早0.01 d；总降雨量和日照时数响应很小
4. 大叶樟	X_1为冬季平均气温/℃ X_2为冬季平均最高气温/℃ X_4为冬季总日照时数/h	$Y=-1.374X_1-1.877X_2+0.021X_4+64.349$	大叶樟始花期与X_1、X_2呈极显著负相关，与X_4呈极显著正相关。冬季平均气温每升高1℃，始花期提早1.4 d；冬季平均最高气温每升高1℃，始花期提早1.9 d；冬季总日照时数每增加1 h，始花期延迟0.02 d
5. 四川山矾	X_1为冬季平均气温/℃ X_2为冬季平均最高气温/℃ X_3为冬季平均最低气温/℃	$Y=-5.240X_1+8.669X_2-2.777X_3+48.730$	四川山矾始花期与X_1、X_3呈显著负相关，与X_2呈显著正相关。冬季平均气温每升高1℃，始花期提早5.2 d；冬季平均最高气温每升高1℃，始花期延迟8.7 d；冬季平均最低气温每升高1℃，始花期提早2.8 d
6. 苦槠	X_1为冬季平均气温/℃ X_3为冬季平均最低气温/℃ X_4为冬季总日照时数/h	$Y=0.303X_1+4.259X_3-0.027X_4-12.950$	苦槠始花期与X_1呈显著正相关，与X_3呈极显著正相关，与X_4呈显著负相关。冬季平均气温每升高1℃，始花期延迟0.3 d；冬季平均最低气温每升高1℃，始花期延迟4.3 d；冬季总日照时数每增加1 h，始花期提早0.03 d

续表

常绿乔木	各气候因子	回归方程	气候响应解释
7. 乐昌含笑	X_3为冬季平均最低气温/℃ X_4为冬季总日照时数/h X_5为冬季总降雨量/mm	$Y=5.231X_3-0.015X_4+0.031X_5+2.168$	乐昌含笑始花期与X_3呈极显著正相关,与X_4呈极显著负相关,与X_5呈显著正相关。冬季平均最低气温每升高1 ℃,始花期延迟5.2 d;冬季总日照时数每增加1 h,始花期提早0.02 d;冬季总降雨量每增加1 mm,始花期延迟0.03 d;冬季总日照时数和冬季总降雨量对花期响应甚微
8. 女贞	X_3为冬季平均最低气温/℃ X_4为冬季总日照时数/h X_5为冬季总降雨量/mm	$Y=1.662X_3-0.004X_4+0.022X_5+16.629$	女贞始花期与X_3、X_5呈显著正相关,与X_4呈显著负相关。冬季平均最低气温每升高1 ℃,始花期延迟1.7 d;冬季总日照时数每增加1 h,对始花期影响微不足道;冬季总降雨量每增加1 mm,始花期延迟0.02 d
9. 阴香	X_1为冬季平均气温/℃ X_3为冬季平均最低气温/℃ X_4为冬季总日照时数/h	$Y=4.315X_1-0.798X_3+0.053X_4-30.794$	阴香始花期与X_1、X_4呈显著正相关,与X_3呈显著负相关。冬季平均气温每升高1 ℃,始花期延迟4.3 d;冬季平均最低气温每升高1 ℃,始花期提早0.8 d;冬季总日照时数每增加1 h,始花期延迟0.05 d
10. 山杜英	X_2为冬季平均最高气温/℃ X_3为冬季平均最低气温/℃ X_5为冬季总降雨量/mm	$Y=-0.160X_2+2.078X_3-0.071X_5+18.436$	山杜英始花期与X_2、X_5呈显著负相关,与X_3呈显著正相关。冬季平均最高气温每升高1 ℃,始花期提早0.2 d;冬季平均最低气温每升高1 ℃,始花期延迟2.1 d;冬季总降雨量每增加1 mm,始花期提早0.1 d
11. 石栎	X_2为冬季平均最高气温/℃ X_3为冬季平均最低气温/℃ X_4为冬季总日照时数/h	$Y=-3.097X_2-3.796X_3+0.120X_4-60.304$	石栎始花期与X_2、X_3呈显著负相关,与X_4呈显著正相关。冬季平均最高气温每升高1 ℃,始花期提早3.1 d;冬季平均最低气温每升高1 ℃,始花期提早3.8 d;冬季总日照时数每增加1 h,始花期延迟0.1 d
12. 醉香含笑	X_1为冬季平均气温/℃ X_3为冬季平均最低气温/℃ X_4为冬季总日照时数/h	$Y=-6.393X_1-0.767X_3+0.060X_4+106.705$	醉香含笑始花期与X_1、X_3呈显著负相关,与X_4呈显著正相关。冬季平均气温每升高1 ℃,始花期提早6.4 d;冬季平均最低气温每升高1 ℃,始花期提早0.8 d;冬季总日照时数每增加1 h,始花期延迟0.1 d
13. 巴东木莲	X_1为冬季平均气温/℃ X_3为冬季平均最低气温/℃ X_4为冬季总日照时数/h	$Y=-1.489X_1-0.133X_3+0.014X_4+41.090$	巴东木莲始花期与X_1、X_3呈显著负相关,与X_4呈显著正相关。冬季平均气温每升高1 ℃,始花期提早1.5 d;冬季平均最低气温每升高1 ℃,始花期提早0.1 d;冬季总日照时数每增加1 h,始花期延迟0.01 d,响应甚微
14. 红翅槭	X_1为冬季平均气温/℃ X_3为冬季平均最低气温/℃ X_5为冬季总降雨量/mm	$Y=2.853X_1+1.718X_3+0.049X_5+11.012$	红翅槭始花期与X_1、X_3、X_5呈显著正相关。冬季平均气温每升高1 ℃,始花期延迟2.9 d;冬季平均最低气温每升高1 ℃,始花期延迟1.7 d;冬季总降雨量每增加1 mm,始花期延迟0.05 d

续表

常绿乔木	各气候因子	回归方程	气候响应解释
15. 深山含笑	X_2为冬季平均最高气温/℃ X_4为冬季总日照时数/h X_5为冬季总降雨量/mm	$Y=0.646X_2-0.017X_4+0.218X_5+15.684$	深山含笑始花期与X_2、X_5呈极显著正相关，与X_4呈显著负相关。冬季平均最高气温每升高1 ℃，始花期延迟0.6 d；冬季总日照时数每增加1 h，始花期提早0.02 d；冬季总降雨量每增加1 mm，始花期延迟0.2 d
16. 冬青	X_1为冬季平均气温/℃ X_3为冬季平均最低气温/℃ X_5为冬季总降雨量/mm	$Y=0.199X_1+0.346X_3+0.017X_5+11.327$	冬青始花期与X_1、X_3、X_5呈显著正相关。冬季平均气温每升高1 ℃，始花期延迟0.2 d；冬季平均最低气温每升高1 ℃，始花期延迟0.3 d；冬季总降雨量每增加1 mm，始花期延迟0.02 d

在16个常绿乔木始花期中有8个对冬季平均气温有响应，其中5个提早(提早0.7～6.4 d)，4个延迟(延迟0.2～4.3 d)；冬季平均最高气温每升高1 ℃，珊瑚树、大叶樟、山杜英、石栎始花期分别提早0.2 d、1.9 d、0.2 d、3.1 d，木荷、樟树、四川山矾、深山含笑分别延迟1.9 d、0.5 d、8.7 d、0.6 d；冬季平均最低气温每升高1 ℃，有6个始花期延迟，响应度在0.3～5.2 d，有5个始花期提早，响应度在0.1～2.7 d；其他气候因子响应度很低。

3.2.4 常绿灌木始花期对气候生态因子的响应

经16个常绿灌木始花期与前两个月气候因子相关统计，有12个呈显著相关和极显著相关，见表3.25。根据显著相关和极显著相关建立回归方程，并作出响应程度解释，见表3.26。

表3.25 常绿灌木始花期与前两个月气候因子的相关系数

常绿灌木	8—9月平均气温(X_1)	8—9月平均最高气温(X_2)	8—9月平均最低气温(X_3)	8—9月总日照时数(X_4)	8—9月总降雨量(X_5)	8—9月白天≥10 ℃有效积温(X_6)	8—9月夜间≥10 ℃有效积温(X_7)
1. 油茶	0.555*	0.599*	0.321	0.478	−0.073	0.647**	0.557*
	2—3月平均气温(X_1)	2—3月平均最高气温(X_2)	2—3月平均最低气温(X_3)	2—3月总日照时数(X_4)	2—3月总降雨量(X_5)	2—3月白天≥10 ℃有效积温(X_6)	2—3月夜间≥10 ℃积温(X_7)
2. 海桐	−0.385	−0.395	0.013	−0.142	0.294	0.132	0.172
	3—4月平均气温(X_1)	3—4月平均最高气温(X_2)	3—4月平均最低气温(X_3)	3—4月总日照时数(X_4)	3—4月总降雨量(X_5)	3—4月白天≥10 ℃有效积温(X_6)	3—4月夜间≥10 ℃有效积温(X_7)
3. 大叶黄杨	−0.492	−0.53*	−0.404	−0.410	0.403	−0.602*	−0.618*
	1—2月平均气温(X_1)	1—2月平均最高气温(X_2)	1—2月平均最低气温(X_3)	1—2月总日照时数(X_4)	1—2月总降雨量(X_5)	1—2月白天≥5 ℃有效积温(X_6)	1—2月夜间≥5 ℃有效积温(X_7)
4. 石楠	−0.842**	−0.878**	−0.623**	−0.707**	0.371	−0.886**	−0.866**
5. 豪猪刺	−0.652**	−0.694**	−0.479	−0.601**	0.471	−0.728**	−0.721**
6. 含笑	−0.380	−0.251	−0.191	−0.447	−0.320	−0.248	−0.232

续表

	1—2月平均气温(X_1)	1—2月平均最高气温(X_2)	1—2月平均最低气温(X_3)	1—2月总日照时数(X_4)	1—2月总降雨量(X_5)	1—2月白天≥5 ℃有效积温(X_6)	1—2月夜间≥5 ℃有效积温(X_7)
7. 湖北羊蹄甲	−0.436	−0.628**	−0.169	−0.045	0.323	−0.553*	−0.446
8. 杜鹃	−0.485*	−0.503*	−0.347	−0.423	0.052	−0.535*	−0.515*
9. 红花檵木	−0.604*	−0.499	−0.470	−0.441	0.193	−0.527	−0.524
10. 夹竹桃	−0.528*	−0.472	0.174	0.019	0.372	−0.321	−0.148
11. 栀子花	−0.452	−0.380	−0.475*	−0.256	0.260	−0.504*	−0.520*
12. 丝兰	−0.308	−0.356	−0.156	−0.304	0.186	−0.334	−0.242
13. 金丝桃	−0.517*	−0.453	−0.291	0.136	0.162	−0.397	−0.296
	7—8月平均气温(X_1)	7—8月平均最高气温(X_2)	7—8月平均最低气温(X_3)	7—8月总日照时数(X_4)	7—8月总降雨量(X_5)	7—8月白天≥10 ℃有效积温(X_6)	7—8月夜间≥10 ℃积温(X_7)
14. 桂花	−0.032	−0.042	−0.146	−0.249	0.299	−0.110	−0.151
	12月—翌年1月平均气温(X_1)	12月—翌年1月平均最高气温(X_2)	12月—翌年1月平均最低气温(X_3)	12月—翌年1月总日照时数(X_4)	12月—翌年1月总降雨量(X_5)	12月—翌年1月白天≥5 ℃有效积温(X_6)	12月—翌年1月夜间≥5 ℃有效积温(X_7)
15. 野迎春花	−0.501*	−0.246	−0.166	−0.106	−0.267	−0.270	−0.253
	10—11月平均气温(X_1)	10—11月平均最高气温(X_2)	10—11月平均最低气温(X_3)	10—11月总日照时数(X_4)	10—11月总降雨量(X_5)	10—11月白天≥10 ℃有效积温(X_6)	10—11月夜间≥10 ℃有效积温(X_7)
16. 山茶花	0.104	0.290	0.452	0.615*	−0.345	0.462	0.500*

表 3.26　常绿灌木始花期对前两个月气候因子的响应

常绿灌木	各气候因子	回归方程	气候响应解释
1. 油茶	X_1为8—9月平均气温/℃ X_2为8—9月平均最高气温/℃ X_6为8—9月白天≥10 ℃有效积温/(℃·d) X_7为8—9月夜间≥10 ℃有效积温/(℃·d)	$Y=5.559X_1+0.754X_2+0.359X_6+0.122X_7-119.229$	油茶始花期与X_1、X_2、X_7呈显著正相关,与X_6呈极显著正相关。8—9月平均气温每升高1 ℃,始花期延迟5.6 d;8—9月平均最高气温每升高1 ℃,始花期延迟0.8 d;8—9月白天≥10 ℃有效积温每升高1 ℃·d,始花期延迟0.4 d;8—9月夜间≥10 ℃有效积温每升高1 ℃·d,始花期延迟0.1 d
2. 大叶黄杨	X_2为3—4月平均最高气温/℃ X_6为3—4月白天≥10 ℃有效积温/(℃·d) X_7为3—4月夜间≥10 ℃有效积温/(℃·d)	$Y=-4.127X_2-0.454X_6-0.431X_7+62.223$	大叶黄杨始花期与X_2、X_6、X_7呈显著负相关。3—4月平均最高气温每升高1 ℃,始花期提早4.1 d;3—4月白天≥10 ℃有效积温每升高1 ℃·d,始花期提早0.5 d;3—4月夜间≥10 ℃有效积温每升高1 ℃·d,始花期提早0.4 d

续表

常绿灌木	各气候因子	回归方程	气候响应解释
3. 石楠	X_1为1—2月平均气温/℃ X_2为1—2月平均最高气温/℃ X_3为1—2月平均最低气温/℃ X_4为1—2月总日照时数/h X_6为1—2月白天≥5 ℃有效积温/(℃·d) X_7为1—2月夜间≥5 ℃有效积温/(℃·d)	$Y=-5.305X_1-5.135X_2-4.316X_3-0.013X_4-0.183X_6-0.019X_7+31.886$	石楠始花期与X_1、X_2、X_3、X_4、X_6、X_7呈极显著负相关。1—2月平均气温每升高1 ℃,始花期提早5.3 d;1—2月平均最高气温每升高1 ℃,始花期提早5.1 d;1—2月平均最低气温每升高1 ℃,始花期提早4.3 d;1—2月白天≥5 ℃有效积温每升高1 ℃·d,始花期提早0.2 d;1—2月总日照时数和1—2月夜间≥5 ℃有效积温对始花期响应很小
4. 豪猪刺	X_1为1—2月平均气温/℃ X_2为1—2月平均最高气温/℃ X_4为1—2月总日照时数/h X_6为1—2月白天≥5 ℃有效积温/(℃·d) X_7为1—2月夜间≥5 ℃有效积温/(℃·d)	$Y=-2.330X_1-5.794X_2-0.074X_4-0.174X_6-0.011X_7+6.755$	豪猪刺始花期与X_1、X_2、X_4、X_6、X_7呈极显著负相关。1—2月平均气温每升高1 ℃,始花期提早2.3 d;1—2月平均最高气温每升高1 ℃,始花期提早5.8 d;1—2月总日照时数每增加1 h,始花期提早0.1 d;1—2月白天≥5 ℃有效积温每升高1 ℃·d,始花期提早0.2 d;1—2月夜间≥5 ℃有效积温对始花期响应很小
5. 湖北羊蹄甲	X_2为1—2月平均最高气温/℃ X_6为1—2月白天≥5 ℃有效积温/(℃·d)	$Y=-2.463X_2-0.015X_6+55.284$	湖北羊蹄甲始花期与X_2呈极显著负相关,与X_6呈显著负相关。1—2月平均最高气温每升高1 ℃,始花期提早2.5 d;始花期对1—2月白天≥5 ℃有效积温响应很弱
6. 杜鹃	X_1为1—2月平均气温/℃ X_2为1—2月平均最高气温/℃ X_6为1—2月白天≥5 ℃有效积温/(℃·d) X_7为1—2月夜间≥5 ℃有效积温/(℃·d)	$Y=-3.810X_1-12.688X_2-0.796X_6-0.597X_7-1.738$	杜鹃始花期与X_1、X_2、X_6、X_7呈显著负相关。1—2月平均气温每升高1 ℃,始花期提早3.8 d;1—2月平均最高气温每升高1 ℃,始花期提早12.7 d;1—2月白天≥5 ℃有效积温每升高1 ℃·d,始花期提早0.8 d;1—2月夜间≥5 ℃有效积温每升高1 ℃·d,始花期提早0.6 d
7. 红花檵木	X_1为1—2月平均气温/℃	$Y=-4.451X_1+45.487$	红花檵木始花期与X_1呈显著负相关。1—2月平均气温每升高1 ℃,始花期提早4.5 d
8. 夹竹桃	X_1为1—2月平均气温/℃	$Y=-3.890X_1+66.540$	夹竹桃始花期与X_1呈显著负相关。1—2月平均气温每升高1 ℃,始花期提早3.9 d
9. 栀子花	X_3为1—2月平均最低气温/℃ X_6为1—2月白天≥5 ℃有效积温/(℃·d) X_7为1—2月夜间≥5 ℃有效积温/(℃·d)	$Y=-2.044X_3-0.056X_6-0.018X_7+66.846$	栀子花始花期与X_3、X_6、X_7呈显著负相关。1—2月平均最低气温每升高1 ℃,始花期提早2.0 d;1—2月白天≥5 ℃有效积温每升高1 ℃·d,始花期提早0.1 d;始花期对1—2月夜间≥5 ℃有效积温响应很小
10. 金丝桃	X_1为1—2月平均气温/℃	$Y=-2.698X_1+55.719$	金丝桃始花期与X_1呈显著负相关。1—2月平均气温每升高1 ℃,始花期提早2.7 d

续表

常绿灌木	各气候因子	回归方程	气候响应解释
11. 野迎春花	X_1为12月—翌年1月平均气温/℃	$Y=-7.134X_1+74.501$	迎春花始花期与X_1呈显著负相关。12月—翌年1月平均气温每升高1℃,始花期提早7.1 d
12. 山茶花	X_4为10—11月总日照时数/h X_7为10—11月夜间≥10℃有效积温/(℃·d)	$Y=0.187X_4+0.152X_7-65.422$	山茶花始花期与X_4、X_7呈显著正相关。10—11月总日照时数每增加1 h,始花期延迟0.2 d;10—11月夜间≥10℃有效积温每升高1℃·d,始花期延迟0.2 d

12个常绿灌木始花期有8个对月平均气温有响应,月平均气温每升高1℃,7种植物始花期提早2.3～7.1 d,油茶延迟5.6 d;月平均最高气温每升高1℃,有5种植物始花期提早2.5～12.7 d,油茶延迟0.8 d;月平均最低气温每升高1℃,石楠提早4.3 d、栀子花提早2.0 d;其他气候因子影响很小。

3.2.5 常绿和落叶针叶植物始花期对气候生态因子的响应

经10个常绿和2个落叶针叶植物的始花期与前两个月气候因子相关统计,有10个与气候因子呈显著相关或极显著相关,见表3.27。根据显著相关或极显著相关建立回归方程,并作出响应程度解释,见表3.28。

表3.27 常绿和落叶针叶植物始花期与前两个月气候因子的相关系数

针叶植物	12月—翌年1月平均气温(X_1)	12月—翌年1月平均最高气温(X_2)	12月—翌年1月平均最低气温(X_3)	12月—翌年1月总日照时数(X_4)	12月—翌年1月总降雨量(X_5)	12月—翌年1月白天≥5℃有效积温(X_6)	12月—翌年1月夜间≥5℃有效积温(X_7)
1. 柳杉	−0.346	−0.543*	−0.035	−0.319	0.155	−0.446	−0.345
2. 日本柳杉	−0.268	−0.452	−0.022	−0.127	0.119	−0.305	−0.187
3. 侧柏	−0.475	−0.457	−0.265	−0.033	0.192	−0.504*	−0.492
4. 圆柏	−0.194	−0.505*	0.151	−0.305	0.566*	−0.290	−0.099
	1—2月平均气温(X_1)	1—2月平均最高气温(X_2)	1—2月平均最低气温(X_3)	1—2月总日照时数(X_4)	1—2月总降雨量(X_5)	1—2月白天≥5℃有效积温(X_6)	1—2月夜间≥5℃积温(X_7)
5. 湿地松	−0.580*	−0.571*	−0.244	−0.766**	0.110	−0.521*	−0.468
6. 火炬松	−0.800**	−0.829**	−0.688**	−0.626**	0.329	−0.866**	−0.864**
7. 黑松	−0.689	−0.693	−0.299	−0.795*	0.744	−0.746	−0.760*
8. 杉木	−0.743**	−0.789**	−0.497	−0.796**	0.386	−0.801**	−0.780**
9. 马尾松	−0.582**	−0.623**	−0.478	−0.677**	0.592*	−0.721**	−0.740**
10. 金钱松	−0.606*	−0.597	−0.631*	−0.461	0.539	−0.649*	−0.675*
11. 水杉	−0.114	−0.104	0.367	−0.643*	−0.131	0.004	0.109
	3—4月平均气温(X_1)	3—4月平均最高气温(X_2)	3—4月平均最低气温(X_3)	3—4月总日照时数(X_4)	3—4月总降雨量(X_5)	3—4月白天≥5℃有效积温(X_6)	3—4月夜间≥5℃积温(X_7)
12. 罗汉松	−0.433	−0.242	−0.475	0.249	0.182	−0.375	−0.412

表 3.28　常绿和落叶针叶植物始花期对前两个月气候因子的响应

针叶植物	各气候因子	回归方程	气候响应解释
1. 柳杉	X_2为12月—翌年1月平均最高气温/℃	$Y=-3.171X_2+56.514$	柳杉始花期与X_2呈显著负相关。12月—翌年1月平均最高气温每升高1℃，始花期提早3.2 d
2. 侧柏	X_6为12月—翌年1月白天≥5℃有效积温/(℃·d)	$Y=-0.122X_6+51.622$	侧柏始花期与X_6呈显著负相关。12月—翌年1月白天≥5℃有效积温每升高1℃·d，始花期提早0.1 d
3. 圆柏	X_2为12月—翌年1月平均最高气温/℃ X_5为12月—翌年1月总降雨量/mm	$Y=-2.242X_2+0.049X_5+38.021$	圆柏始花期与X_2呈显著负相关，与X_5呈显著正相关。12月—翌年1月平均最高气温每升高1℃，始花期提早2.2 d；12月—翌年1月总降雨量对始花期响应很弱
4. 湿地松	X_1为1—2月平均气温/℃ X_2为1—2月平均最高气温/℃ X_4为1—2月总日照时数/h X_6为1—2月白天≥5℃有效积温/(℃·d)	$Y=-7.652X_1-2.450X_2-0.239X_4-0.061X_6+62.459$	湿地松始花期与X_1、X_2、X_6呈显著负相关，与X_4呈极显著负相关。1—2月平均气温每升高1℃，始花期提早7.7 d；1—2月平均最高气温每升高1℃，始花期提早2.5 d；1—2月总日照时数每增加1 h，始花期提早0.2 d；1—2月白天≥5℃有效积温每升高1℃·d，始花期提早0.1 d
5. 火炬松	X_1为1—2月平均气温/℃ X_2为1—2月平均最高气温/℃ X_3为1—2月平均最低气温/℃ X_4为1—2月总日照时数/h X_6为1—2月白天≥5℃有效积温/(℃·d) X_7为1—2月夜间≥5℃有效积温/(℃·d)	$Y=-2.559X_1-7.678X_2-0.075X_3-0.023X_4-0.386X_6-0.194X_7+14.996$	火炬松始花期与X_1、X_2、X_3、X_4、X_6、X_7呈极显著负相关。1—2月平均气温每升高1℃，始花期提早2.6 d；1—2月平均最高气温每升高1℃，始花期提早7.7 d；1—2月平均最低气温每升高1℃，始花期提早0.1 d；1—2月总日照时数每增加1 h，始花期提早0.02 d，响应很微弱；1—2月白天≥5℃有效积温每升高1℃·d，始花期提早0.4 d；1—2月夜间≥5℃有效积温每升高1℃·d，始花期提早0.2 d
6. 杉木	X_1为1—2月平均气温/℃ X_2为1—2月平均最高气温/℃ X_4为1—2月总日照时数/h X_6为1—2月白天≥5℃有效积温/(℃·d) X_7为1—2月夜间≥5℃有效积温/(℃·d)	$Y=-3.984X_1-6.105X_2-0.093X_4-0.334X_6-0.228X_7+22.512$	杉木始花期与X_1、X_2、X_4、X_6、X_7呈极显著负相关。1—2月平均气温每升高1℃，始花期提早4.0 d；1—2月平均最高气温每升高1℃，始花期提早6.1 d。1—2月总日照时数每增加1 h，始花期提早0.1 d；1—2月白天≥5℃有效积温每升高1℃·d，始花期提早0.3 d；1—2月夜间≥5℃有效积温每升高1℃·d，始花期提早0.2 d
7. 金钱松	X_1为1—2月平均气温/℃ X_3为1—2月平均最低气温/℃ X_6为1—2月白天≥5℃有效积温/(℃·d) X_7为1—2月夜间≥5℃有效积温/(℃·d)	$Y=-3.651X_1-4.665X_3-0.180X_6-0.140X_7+37.031$	金钱松始花期与X_1、X_3、X_6、X_7呈显著负相关。1—2月平均气温每升高1℃，始花期提早3.7 d；1—2月平均最低气温每升高1℃，始花期提早4.7 d；1—2月白天≥5℃有效积温每升高1℃·d，始花期提早0.2 d；1—2月夜间≥5℃有效积温每升高1℃·d，始花期提早0.1 d
8. 水杉	X_4为1—2月总日照时数/h	$Y=-0.135X_4+31.736$	水杉始花期与X_4呈显著负相关。1—2月总日照时数每增加1 h，始花期提早0.1 d

续表

针叶植物	各气候因子	回归方程	气候响应解释
9. 马尾松	X_1为1—2月平均气温/℃ X_2为1—2月平均最高气温/℃ X_4为1—2月总日照时数/h X_5为1—2月总降雨量/mm X_6为1—2月白天≥5 ℃有效积温/(℃·d) X_7为1—2月夜间≥5 ℃有效积温/(℃·d)	$Y=-2.262X_1-10.866X_2-0.025X_4+0.018X_5-0.416X_6-0.144X_7-9.054$	马尾松始花期与X_1、X_2、X_4、X_6、X_7呈极显著负相关，与X_5呈显著正相关。1—2月平均气温每升高1 ℃，始花期提早2.3 d；1—2月平均最高气温每升高1 ℃，始花期提早10.9 d；1—2月总日照时数每增加1 h，始花期提早0.03 d，响应程度小；1—2月白天≥5 ℃有效积温每升高1 ℃·d，始花期提早0.4 d；1—2月夜间≥5 ℃有效积温每升高1 ℃·d，始花期提早0.1 d；1—2月总降雨量每增加1 mm，始花期延迟0.02 d，响应程度甚微
10. 黑松	X_4为1—2月总日照时数/h X_7为1—2月夜间≥5 ℃有效积温/(℃·d)	$Y=-0.051X_4-0.029X_7+40.926$	黑松始花期与X_4、X_7呈显著负相关。1—2月总日照时数每增加1 h，始花期提早0.1 d；1—2月夜间≥5 ℃有效积温每升高1 ℃·d，始花期提早0.03 d，响应程度甚微

10个常绿和落叶针叶植物始花期有5个月平均气温每升高1 ℃，响应度在2.3～7.7 d；月平均最高气温每升高1 ℃，有6个始花期提早在2.2～10.9 d；月平均最低气温每升高1 ℃，金钱松始花期提早4.7 d、火炬松提早0.1 d；其他气候因子影响很小。

3.2.6 常绿和落叶果树始花期对气候生态因子的响应

经7个常绿和落叶果树的始花期与前两个月气候因子相关统计，有6个呈显著相关或极显著相关，见表3.29。根据显著相关或极显著相关建立回归方程，并作出响应程度解释，见表3.30。

表3.29 常绿和落叶果树始花期与前两个月气候因子的相关系数

常绿和落叶果树	9—10月平均气温(X_1)	9—10月平均最高气温(X_2)	9—10月平均最低气温(X_3)	9—10月总日照时数(X_4)	9—10月总降雨量(X_5)	9—10月白天≥10 ℃有效积温(X_6)	9—10月夜间≥10 ℃有效积温(X_7)
1. 枇杷	0.696**	0.700**	0.352	0.548*	−0.341	0.649**	0.571*
	3—4月平均气温(X_1)	3—4月平均最高气温(X_2)	3—4月平均最低气温(X_3)	3—4月总日照时数(X_4)	3—4月总降雨量(X_5)	3—4月白天≥10 ℃有效积温(X_6)	3—4月夜间≥10 ℃有效积温(X_7)
2. 枣树	−0.382	−0.384	−0.327	−0.334	0.105	−0.451	−0.444
	2—3月平均气温(X_1)	2—3月平均最高气温(X_2)	2—3月平均最低气温(X_3)	2—3月总日照时数(X_4)	2—3月总降雨量(X_5)	2—3月白天≥10 ℃有效积温(X_6)	2—3月夜间≥10 ℃有效积温(X_7)
3. 柿树	−0.570*	−0.552*	−0.335	−0.006	0.448	−0.031	−0.006
4. 桃树	−0.579*	−0.560*	−0.382	−0.545*	0.377	−0.568*	−0.559*

续表

	2—3月平均气温(X_1)	2—3月平均最高气温(X_2)	2—3月平均最低气温(X_3)	2—3月总日照时数(X_4)	2—3月总降雨量(X_5)	2—3月白天≥10 ℃有效积温(X_6)	2—3月夜间≥10 ℃有效积温(X_7)
5. 石榴	−0.349	−0.337	−0.070	0.003	0.548*	0.041	0.058
6. 柑橘	−0.557*	−0.608**	−0.323	−0.063	0.319	−0.087	−0.051
7. 杨梅	−0.816**	−0.832**	−0.609**	−0.706**	0.353	−0.848**	−0.828**

表 3.30　常绿和落叶果树始花期对前两个月气候因子的响应

常绿和落叶果树	各气候因子	回归方程	气候响应解释
1. 枇杷	X_1为9—10月平均气温/℃ X_2为9—10月平均最高气温/℃ X_4为9—10月总日照时数/h X_6为9—10月白天≥10 ℃有效积温/(℃·d) X_7为9—10月夜间≥10 ℃有效积温/(℃·d)	$Y=9.910X_1+2.310X_2+0.104X_4+1.277X_6+0.853X_7-403.623$	枇杷始花期与X_1、X_2、X_6呈极显著正相关，与X_4、X_7呈显著正相关。9—10月平均气温每升高1 ℃，始花期延迟9.9 d；9—10月平均最高气温每升高1 ℃，始花期延迟2.3 d；9—10月总日照时数每增加1 h，始花期延迟0.1 d；9—10月白天≥10 ℃有效积温每升高1 ℃·d，始花期延迟1.3 d；9—10月夜间≥10 ℃有效积温每升高1 ℃·d，始花期延迟0.9 d
2. 柿树	X_1为2—3月平均气温/℃ X_2为2—3月平均最高气温/℃	$Y=-1.404X_1-0.616X_2+45.627$	柿树始花期与X_1、X_2呈显著负相关。2—3月平均气温每升高1 ℃，始花期提早1.4 d；2—3月平均最高气温每升高1 ℃，始花期提早0.6 d
3. 石榴	X_5为2—3月总降雨量/mm	$Y=0.028X_5+17.464$	石榴始花期与X_5呈显著正相关。2—3月总降雨量每增加1 mm，始花期仅延迟0.03 d，响应甚微
4. 柑橘	X_1为2—3月平均气温/℃ X_2为2—3月平均最高气温/℃	$Y=-0.208X_1-2.016X_2+47.590$	柑橘始花期与X_1呈显著负相关，与X_2呈极显著负相关。2—3月平均气温每升高1 ℃，始花期提早0.2 d；2—3月平均最高气温每升高1 ℃，始花期提早2.0 d
5. 桃树	X_1为2—3月平均气温/℃ X_2为2—3月平均最高气温/℃ X_4为2—3月总日照时数/h X_6为2—3月白天≥10 ℃有效积温/(℃·d) X_7为2—3月夜间≥10 ℃有效积温/(℃·d)	$Y=-4.309X_1-6.766X_2-0.055X_4-0.238X_6-0.105X_7+15.067$	桃树始花期与X_1、X_2、X_4、X_6、X_7呈显著负相关。2—3月平均气温每升高1 ℃，始花期提早4.3 d；2—3月平均最高气温每升高1 ℃，始花期提早6.8 d；始花期对2—3月总日照时数响应甚微；2—3月白天≥10 ℃有效积温每升高1 ℃·d，始花期提早0.2 d；2—3月夜间≥10 ℃有效积温每升高1 ℃·d，始花期延迟0.1 d

续表

常绿和落叶果树	各气候因子	回归方程	气候响应解释
6. 杨梅	X_1为2—3月平均气温/℃ X_2为2—3月平均最高气温/℃ X_3为2—3月平均最低气温/℃ X_4为2—3月总日照时数/h X_6为2—3月白天≥10 ℃有效积温/(℃·d) X_7为2—3月夜间≥10 ℃有效积温/(℃·d)	$Y=-7.419X_1-13.838X_2-3.272X_3-0.003X_4-0.713X_6-0.428X_7-0.054$	杨梅始花期与X_1、X_2、X_3、X_4、X_6、X_7呈极显著负相关。2—3月平均气温每升高1 ℃,始花期提早7.4 d;2—3月平均最高气温每升高1 ℃,始花期提早13.8 d;2—3月平均最低气温每升高1 ℃,始花期提早3.3 d;始花期对2—3月总日照时数响应甚微;2—3月白天≥10 ℃有效积温每升高1 ℃·d,始花期提早0.7 d;2—3月夜间≥10 ℃有效积温每升高1 ℃·d,始花期提早0.4 d

月平均气温每升高1 ℃,枇杷始花期延迟9.9 d、柿树、柑橘、桃树、杨梅始花期分别提早1.4 d、0.2 d、4.3 d、7.4 d;月平均最高气温每升高1 ℃,枇杷延迟2.3 d,柿树、柑橘、桃树、杨梅始花期分别提早0.6 d、2.0 d、6.8 d、13.8 d;月平均最低气温仅对杨梅有影响,每升高1 ℃,始花期提早3.3 d;其他气候因子影响很小。

3.3 植物果实成熟期对气候生态因子的响应

3.3.1 落叶乔木果实成熟期对气候生态因子的响应

经30个落叶乔木的果实成熟期与前两个月气候因子相关统计,有8个呈显著相关或极显著相关,见表3.31。根据显著相关或极显著相关建立回归方程,并作出响应程度解释,见表3.32。

表3.31 落叶乔木果实成熟期与前两个月气候因子的相关系数

落叶乔木	8—9月平均气温(X_1)	8—9月平均最高气温(X_2)	8—9月平均最低气温(X_3)	8—9月总日照时数(X_4)	8—9月总降雨量(X_5)	8—9月白天≥10 ℃有效积温(X_6)	8—9月夜间≥10 ℃有效积温(X_7)
1. 鹅掌楸	0.103	0.056	0.384	−0.087	0.357	0.350	0.337
2. 复羽叶栾树	−0.252	−0.235	0.024	0.269	−0.238	−0.253	−0.134
3. 湖北海棠	0.298	0.079	0.638*	0.123	0.148	0.441	0.560*
4. 榉树	−0.816**	−0.568	−0.302	0.012	−0.129	−0.771*	−0.663
5. 梓树	−0.642*	−0.722**	−0.154	−0.539*	0.190	−0.523	−0.383
6. 毛红椿	−0.050	0.358	−0.242	0.472	0.236	0.063	−0.065
7. 二球悬铃木	−0.077	0.155	−0.166	0.175	−0.324	−0.057	−0.086
8. 枫香	−0.360	−0.328	0.002	0.173	0.477	−0.204	−0.140
9. 油桐	−0.407	−0.617	0.285	−0.158	0.835**	−0.464	−0.213

续表

落叶乔木	8—9月平均气温(X_1)	8—9月平均最高气温(X_2)	8—9月平均最低气温(X_3)	8—9月总日照时数(X_4)	8—9月总降雨量(X_5)	8—9月白天≥10 ℃有效积温(X_6)	8—9月夜间≥10 ℃有效积温(X_7)
10. 乌桕	−0.165	−0.052	−0.020	0.138	0.287	−0.044	−0.040
11. 黄檀	0.382	0.354	−0.040	−0.094	0.382	0.311	0.260
	9—10月平均气温(X_1)	9—10月平均最高气温(X_2)	9—10月平均最低气温(X_3)	9—10月总日照时数(X_4)	9—10月总降雨量(X_5)	9—10月白天≥10 ℃有效积温(X_6)	9—10月夜间≥10 ℃有效积温(X_7)
12. 肥皂荚	0.421	0.375	0.244	0.302	−0.025	0.372	0.346
13. 榔榆	−0.121	0.003	−0.051	−0.158	−0.504	−0.027	−0.031
14. 小鸡爪槭	0.061	0.463	−0.209	0.273	−0.122	0.194	0.055
15. 龙爪槐	−0.115	−0.141	−0.066	−0.435	0.134	−0.123	−0.124
16. 苦楝	0.176	0.025	0.312	−0.145	0.065	0.209	0.264
17. 喜树	0.035	−0.047	0.270	0.037	0	0.160	0.222
18. 白花泡桐	−0.295	−0.026	−0.225	−0.003	0.004	−0.196	−0.234
	6—7月平均气温(X_1)	6—7月平均最高气温(X_2)	6—7月平均最低气温(X_3)	6—7月总日照时数(X_4)	6—7月总降雨量(X_5)	6—7月白天≥10 ℃有效积温(X_6)	6—7月夜间≥10 ℃有效积温(X_7)
19. 梧桐	−0.606*	−0.532*	−0.137	−0.480	0.528*	−0.365	−0.250
20. 枫杨	−0.003	−0.002	0.134	−0.209	0.335	0.106	0.068
21. 臭椿	−0.597*	−0.571	−0.443	−0.362	0.482	−0.594*	−0.537
	4—5月平均气温(X_1)	4—5月平均最高气温(X_2)	4—5月平均最低气温(X_3)	4—5月总日照时数(X_4)	4—5月总降雨量(X_5)	4—5月白天≥10 ℃有效积温(X_6)	4—5月夜间≥10 ℃有效积温(X_7)
22. 紫穗槐	−0.741**	−0.627*	−0.194	−0.541	0.115	−0.628*	−0.555
	5—6月平均气温(X_1)	5—6月平均最高气温(X_2)	5—6月平均最低气温(X_3)	5—6月总日照时数(X_4)	5—6月总降雨量(X_5)	5—6月白天≥10 ℃有效积温(X_6)	5—6月夜间≥10 ℃积温(X_7)
23. 构树	−0.259	−0.180	−0.185	0.370	0.173	−0.228	−0.208
24. 红叶碧桃	−0.179	−0.257	−0.030	−0.207	0.567	−0.183	−0.126
	2—3月平均气温(X_1)	2—3月平均最高气温(X_2)	2—3月平均最低气温(X_3)	2—3月总日照时数(X_4)	2—3月总降雨量(X_5)	2—3月白天≥10 ℃有效积温(X_6)	2—3月夜间≥10 ℃积温(X_7)
25. 白榆	−0.652*	−0.522	−0.693**	0.044	0.122	−0.683**	−0.707**
	7—8月平均气温(X_1)	7—8月平均最高气温(X_2)	7—8月平均最低气温(X_3)	7—8月总日照时数(X_4)	7—8月总降雨量(X_5)	7—8月白天≥10 ℃有效积温(X_6)	7—8月夜间≥10 ℃有效积温(X_7)
26. 麻栎	0.032	0.042	0.427	−0.175	−0.227	0.271	0.332
27. 白玉兰	−0.327	−0.105	−0.235	0.148	−0.061	−0.193	−0.218
28. 锥栗	−0.229	−0.018	0.059	0.256	0.028	0.013	0.038
29. 元宝槭	0.148	0.119	0.413	−0.212	−0.183	0.262	0.348
30. 板栗	−0.122	0.044	−0.400	0.053	−0.019	−0.140	−0.252

表 3.32 落叶乔木果实成熟期对前两个月气候因子的响应

落叶乔木	各气候因子	回归方程	气候响应解释
1. 湖北海棠	X_3为 8—9 月平均最低气温/℃ X_7为 8—9 月夜间≥10 ℃有效积温/(℃·d)	$Y=6.120X_3+0.017X_7-98.843$	湖北海棠果实成熟期与X_3、X_7呈显著正相关。8—9 月平均最低气温每升高 1 ℃,果实成熟期延迟 6.1 d;8—9 月夜间≥10 ℃有效积温每升高 1 ℃·d,果实成熟期延迟 0.02 d,响应很弱
2. 榉树	X_1为 8—9 月平均气温/℃ X_6为 8—9 月白天≥10 ℃有效积温/(℃·d)	$Y=-12.125X_1-0.120X_6+492.914$	榉树果实成熟期与X_1呈极显著负相关,与X_6呈显著负相关。8—9 月平均气温每升高 1 ℃,果实成熟期提早 12.1 d;8—9 月白天≥10 ℃有效积温每升高 1 ℃·d,果实成熟期提早 0.1 d
3. 梓树	X_1为 8—9 月平均气温/℃ X_2为 8—9 月平均最高气温/℃ X_4为 8—9 月总日照时数/h	$Y=-3.822X_1-2.117X_2-0.069X_4+208.420$	梓树果实成熟期与X_1、X_4呈显著负相关,与X_2呈极显著负相关。8—9 月平均气温每升高 1 ℃,果实成熟期提早 3.8 d;8—9 月平均最高气温每升高 1 ℃,果实成熟期提早 2.1 d;8—9 月总日照时数每增加 1 h,果实成熟期提早 0.1 d
4. 油桐	X_5为 8—9 月总降雨量/mm	$Y=0.159X_5+4.801$	油桐果实成熟期与X_5呈显著正相关。8—9 月总降雨量每增加 1 mm,果实成熟期延迟 0.2 d
5. 梧桐	X_1为 6—7 月平均气温/℃ X_2为 6—7 月平均最高气温/℃ X_5为 6—7 月总降雨量/mm	$Y=-19.930X_1-12.540X_2+0.015X_5+166.447$	梧桐果实成熟期与X_1、X_2呈显著负相关,与X_5呈显著正相关。6—7 月平均气温每升高 1 ℃,果实成熟期提早 19.9 d;6—7 月平均最高气温每升高 1 ℃,果实成熟期提早 12.5 d;6—7 月总降雨量每增加 1 mm,果实成熟期延迟 0.02 d,响应很弱
6. 臭椿	X_1为 6—7 月平均气温/℃ X_6为 6—7 月白天≥10 ℃有效积温/(℃·d)	$Y=-4.683X_1-0.062X_6+225.328$	臭椿果实成熟期与X_1、X_6呈显著负相关。6—7 月平均气温每升高 1 ℃,果实成熟期提早 4.7 d;6—7 月白天≥10 ℃有效积温每升高 1 ℃·d,果实成熟期提早 0.1 d
7. 紫穗槐	X_1为 4—5 月平均气温/℃ X_2为 4—5 月平均最高气温/℃ X_6为 4—5 月白天≥10 ℃有效积温/(℃·d)	$Y=-20.462X_1-0.283X_2-0.091X_6+375.864$	紫穗槐果实成熟期与X_1呈极显著负相关,与X_2、X_6呈显著负相关。4—5 月平均气温每升高 1 ℃,果实成熟期提早 20.5 d;4—5 月平均最高气温每升高 1 ℃,果实成熟期提早 0.3 d;4—5 月白天≥10 ℃有效积温每升高 1 ℃·d,果实成熟期提早 0.1 d
8. 白榆	X_1为 2—3 月平均气温/℃ X_3为 2—3 月平均最低气温/℃ X_6为 2—3 月白天≥10 ℃有效积温/(℃·d) X_7为 2—3 月夜间≥10 ℃有效积温/(℃·d)	$Y=-1.355X_1-0.748X_3-0.079X_6-0.134X_7+37.306$	白榆果实成熟期与X_1呈显著负相关,与X_3、X_6、X_7呈极显著负相关。2—3 月平均气温每升高 1 ℃,果实成熟期提早 1.4 d;2—3 月平均最低气温每升高 1 ℃,果实成熟期提早 0.8 d;2—3 月白天≥10 ℃有效积温每升高 1 ℃·d,果实成熟期提早 0.1 d;2—3 月夜间≥10 ℃有效积温升高 1 ℃·d,果实成熟期提早 0.1 d

果实成熟前两个月平均气温对8个落叶乔木中的6个有影响，月平均气温每升高1 ℃，果实成熟期提早1.4～20.5 d；月平均最高气温每升高1 ℃，梓树、梧桐、紫穗槐果实成熟期分别提早2.1 d、12.5 d、0.3 d；其他气候因子影响甚微。

3.3.2 落叶灌木果实成熟期对气候生态因子的响应

经9个落叶灌木的果实成熟期与前两个月气候因子相关统计，有4个呈显著相关或极显著相关，见表3.33。根据显著相关或极显著相关建立回归方程，并作出响应程度解释，见表3.34。

表3.33 落叶灌木果实成熟期与前两个月气候因子的相关系数

落叶灌木	7—8月平均气温(X_1)	7—8月平均最高气温(X_2)	7—8月平均最低气温(X_3)	7—8月总日照时数(X_4)	7—8月总降雨量(X_5)	7—8月白天≥10 ℃有效积温(X_6)	7—8月夜间≥10 ℃积温(X_7)
1. 紫荆	0.261	0.377	0.096	0.592*	−0.477	0.209	0.202
2. 二乔玉兰	0.107	0.222	0.259	0.284	−0.633*	0.308	0.283
	8—9月平均气温(X_1)	8—9月平均最高气温(X_2)	8—9月平均最低气温(X_3)	8—9月总日照时数(X_4)	8—9月总降雨量(X_5)	8—9月白天≥10 ℃有效积温(X_6)	8—9月夜间≥10 ℃积温(X_7)
3. 丝棉木	−0.049	−0.255	0.250	−0.001	−0.032	−0.039	0.081
4. 紫薇	0.016	0.107	0.453	0.072	0.422	0.303	0.382
5. 木瓜	0.108	0.243	−0.301	0.354	−0.562	−0.085	−0.160
	9—10月平均气温(X_1)	9—10月平均最高气温(X_2)	9—10月平均最低气温(X_3)	9—10月总日照时数(X_4)	9—10月总降雨量(X_5)	9—10月白天≥10 ℃有效积温(X_6)	9—10月夜间≥10 ℃有效积温(X_7)
6. 木槿	0.154	−0.342	0.036	−0.424	−0.152	−0.117	−0.063
	6—7月平均气温(X_1)	6—7月平均最高气温(X_2)	6—7月平均最低气温(X_3)	6—7月总日照时数(X_4)	6—7月总降雨量(X_5)	6—7月白天≥10 ℃有效积温(X_6)	6—7月夜间≥10 ℃有效积温(X_7)
7. 湖北羊蹄甲	−0.472	−0.462	0.085	−0.577*	0.618*	−0.161	−0.051
8. 羽毛枫	−0.310	−0.320	−0.156	−0.432	0.500	−0.341	−0.227
	4—5月平均气温(X_1)	4—5月平均最高气温(X_2)	4—5月平均最低气温(X_3)	4—5月总日照时数(X_4)	4—5月总降雨量(X_5)	4—5月白天≥10 ℃有效积温(X_6)	4—5月夜间≥10 ℃有效积温(X_7)
9. 蜡梅	−0.549*	−0.513*	−0.619*	−0.463	0.220	−0.679**	−0.725**

表3.34 落叶灌木果实成熟期对前两个月气候因子的响应

落叶灌木	各气候因子	回归方程	气候响应解释
1. 紫荆	X_4为7—8月总日照时数/h	$Y=0.104X_4-33.338$	紫荆果实成熟期与X_4呈显著正相关。7—8月总日照时数每增加1 h，果实成熟期延迟0.1 d

续表

落叶灌木	各气候因子	回归方程	气候响应解释
2. 二乔玉兰	X_5为7—8月总降雨量/mm	$Y=-0.066X_5+42.633$	二乔玉兰果实成熟期与X_5呈显著负相关。7—8月总降雨量每增加1 mm,果实成熟期提早0.1 d
3. 湖北羊蹄甲	X_4为6—7月总日照时数/h X_5为6—7月总降雨量/mm	$Y=-0.081X_4+0.024X_5+29.728$	湖北羊蹄甲果实成熟期与X_4呈显著负相关,与X_5呈显著正相关。6—7月总日照时数每增加1 h,果实成熟期提早0.1 d;6—7月总降雨量每增加1 mm,果实成熟期延迟0.02 d,响应微弱
4. 蜡梅	X_1为4—5月平均气温/℃ X_2为4—5月平均最高气温/℃ X_3为4—5月平均最低气温/℃ X_6为4—5月白天≥10 ℃有效积温/(℃·d) X_7为4—5月夜间≥10 ℃有效积温/(℃·d)	$Y=-0.350X_1-7.283X_2-7.341X_3-1.894X_6-0.819X_7-440.992$	蜡梅果实成熟期与X_1、X_2、X_3呈显著负相关,与X_6、X_7呈极显著负相关。4—5月平均气温每升高1 ℃,果实成熟期提早0.4 d;4—5月平均最高气温每升高1 ℃,果实成熟期提早7.3 d;4—5月平均最低气温每升高1 ℃,果实成熟期提早7.3 d;4—5月白天≥10 ℃有效积温每升高1 ℃·d,果实成熟期提早1.9 d;4—5月夜间≥10 ℃有效积温每升高1 ℃·d,果实成熟期提早0.8 d

月平均气温对果实成熟期影响仅蜡梅一种植物,月平均气温每升高1 ℃,果实成熟期提早0.4 d;月平均最高气温和月平均最低气温各升高1 ℃,蜡梅果实成熟期各提早7.3 d;总日照时数、总降雨量影响很小;白天和夜间≥10 ℃积温使蜡梅果实成熟期提早1.9 d和0.8 d。

3.3.3 常绿乔木果实成熟期对气候生态因子的响应

经16个常绿乔木的果实成熟期与前两个月气候因子相关统计,有5个呈显著相关或极显著相关,见表3.35。根据显著相关或极显著相关建立回归方程,并作出响应程度解释,见表3.36。

表3.35 常绿乔木果实成熟期与前两个月气候因子的相关系数

常绿乔木	9—10月平均气温(X_1)	9—10月平均最高气温(X_2)	9—10月平均最低气温(X_3)	9—10月总日照时数(X_4)	9—10月总降雨量(X_5)	9—10月白天≥10 ℃有效积温(X_6)	9—10月夜间≥10 ℃有效积温(X_7)
1. 木荷	−0.267	−0.327	0.305	−0.487	0.482	−0.054	0.088
2. 苦槠	0.115	−0.208	−0.341	0.074	−0.174	−0.385	−0.440
3. 女贞	−0.381	−0.138	−0.565*	0.425	−0.189	−0.362	−0.430
4. 石栎	−0.124	−0.004	−0.183	−0.082	0.112	−0.128	−0.176
5. 深山含笑	−0.081	−0.467	0.734*	−0.664	0.304	−0.127	0.116
6. 醉香含笑	−0.388	0.113	−0.532	0.311	0.454	−0.228	−0.358
7. 阴香	−0.087	−0.100	0.083	−0.167	0.235	−0.006	0.053

续表

	8—9 月平均气温(X_1)	8—9 月平均最高气温(X_2)	8—9 月平均最低气温(X_3)	8—9 月总日照时数(X_4)	8—9 月总降雨量(X_5)	8—9 月白天≥10 ℃有效积温(X_6)	8—9 月夜间≥10 ℃有效积温(X_7)
8. 樟树	0.535*	0.241	0.211	0.107	0.137	0.393	0.330
9. 四川山矾	0.661	0.701	0.013	0.267	0.131	0.564	0.241
10. 大叶樟	0.123	0.283	0.121	0.083	−0.168	0.323	0.236
11. 乐昌含笑	−0.063	0.123	−0.787**	0.183	0.048	−0.413	−0.674*
12. 山杜英	−0.224	0.156	−0.351	0.218	0.053	−0.135	−0.243
13. 红翅槭	0.188	−0.173	0.281	−0.356	0.233	0.125	0.198
	7—8 月平均气温(X_1)	7—8 月平均最高气温(X_2)	7—8 月平均最低气温(X_3)	7—8 月总日照时数(X_4)	7—8 月总降雨量(X_5)	7—8 月白天≥10 ℃有效积温(X_6)	7—8 月夜间≥10 ℃有效积温(X_7)
14. 广玉兰	−0.150	0.014	−0.377	−0.324	0.407	−0.228	−0.281
15. 巴东木莲	−0.233	−0.616*	−0.050	0.183	−0.481	−0.507	−0.233
	4—5 月平均气温(X_1)	4—5 月平均最高气温(X_2)	4—5 月平均最低气温(X_3)	4—5 月总日照时数(X_4)	4—5 月总降雨量(X_5)	4—5 月白天≥10 ℃有效积温(X_6)	4—5 月夜间≥10 ℃有效积温(X_7)
16. 珊瑚树	0.044	−0.103	−0.261	−0.164	0.233	−0.188	−0.233

表 3.36　常绿乔木果实成熟期对前两个月气候因子的响应

常绿乔木	各气候因子	回归方程	气候响应解释
1. 女贞	X_3为 9—10 月平均最低气温/℃	$Y=-2.013X_3+51.883$	女贞果实成熟期与 X_3 呈显著负相关。9—10 月平均最低气温每升高 1 ℃，果实成熟期提早 2.0 d
2. 深山含笑	X_3为 9—10 月平均最低气温/℃	$Y=8.155X_3-137.538$	深山含笑果实成熟期与 X_3 呈显著正相关。9—10 月平均最低气温每升高 1 ℃，果实成熟期延迟 8.2 d
3. 樟树	X_1为 8—9 月平均气温/℃	$Y=6.172X_1-137.909$	樟树果实成熟期与 X_1 呈显著正相关。8—9 月平均气温每升高 1 ℃，果实成熟期延迟 6.2 d
4. 乐昌含笑	X_3为 8—9 月平均最低气温/℃ X_7为 8—9 月夜间≥10 ℃有效积温/(℃·d)	$Y=-10.248X_3-0.004X_7+258.687$	乐昌含笑果实成熟期与 X_3 呈极显著负相关，与 X_7 呈显著负相关。8—9 月平均最低气温每升高 1 ℃，果实成熟期提早 10.2 d；对 8—9 月夜间≥10 ℃有效积温响应甚微
5. 巴东木莲	X_2为 7—8 月平均最高气温/℃	$Y=-8.255X_2+231.98$	巴东木莲果实成熟期与 X_2 呈显著负相关。7—8 月平均最高气温每升高 1 ℃，果实成熟期提早 8.3 d

月平均气温仅对樟树有影响，月平均气温每升高 1 ℃，樟树果实成熟期延迟 6.2 d；月平均最低气温每升高 1 ℃，女贞果实成熟期提早 2.0 d、乐昌含笑提早 10.2 d、巴东木莲提早 8.3 d、深山含笑延迟 8.2 d；8—9 月夜间≥10 ℃有效积温几乎没影响。

3.3.4 常绿灌木果实成熟期对气候生态因子的响应

经3个常绿灌木的果实成熟期与前两个月气候因子相关统计，有2个呈显著相关或极显著相关，见表3.37。根据显著相关或极显著相关建立回归方程，并作出响应程度解释，见表3.38。

表3.37 常绿灌木果实成熟期与前两个月气候因子的相关系数

常绿灌木	9—10月平均气温(X_1)	9—10月平均最高气温(X_2)	9—10月平均最低气温(X_3)	9—10月总日照时数(X_4)	9—10月总降雨量(X_5)	9—10月白天≥10 ℃有效积温(X_6)	9—10月夜间≥10 ℃有效积温(X_7)
1. 石楠	0.694*	0.678*	−0.060	0.272	−0.313	0.738**	0.577
2. 海桐	−0.034	0.227	−0.514*	0.488*	−0.095	−0.156	−0.333
3. 油茶	−0.032	0.017	0.204	0.178	0.101	0.112	0.166

表3.38 常绿灌木植物果实成熟期对前两个月气候因子的响应

常绿灌木	各气候因子	回归方程	气候响应解释
1. 石楠	X_1为9—10月平均气温/℃ X_2为9—10月平均最高气温/℃ X_6为9—10月白天≥10 ℃有效积温/(℃·d)	$Y=1.400X_1+1.537X_2+0.122X_6-161.901$	石楠果实成熟期与X_1、X_2呈显著正相关，与X_6呈极显著正相关。9—10月平均气温每升高1 ℃，果实成熟期延迟1.4 d；9—10月平均最高气温每升高1 ℃，果实成熟期延迟1.5 d；9—10月白天≥10 ℃有效积温每升高1 ℃·d，果实成熟期延迟0.1 d
2. 海桐	X_3为9—10月平均最低气温/℃ X_4为9—10月总日照时数/h	$Y=-6.414X_3+0.219X_4+108.105$	海桐果实成熟期与X_3呈显著负相关，与X_4呈显著正相关。9—10月平均最低气温每升高1 ℃，果实成熟期提早6.4 d；9—10月总日照时数每增加1h，果实成熟期延迟0.2 d

月平均气温每升高1 ℃，石楠果实成熟期延迟1.4 d；月平均最高气温每升高1 ℃，石楠果实成熟期延迟1.5 d；月平均最低气温每升高1 ℃，海桐果实成熟期提早6.4 d；月白天≥10 ℃有效积温和月总日照时数影响很小。

3.3.5 常绿和落叶针叶植物果实成熟期对气候生态因子的响应

经9个常绿针叶和2个落叶针叶植物的果实成熟期与前两个月气候因子相关统计，只有1个针叶植物与气候因子呈显著正相关，见表3.39。根据显著相关建立回归方程，并作出响应程度解释，见表3.40。针叶植物果实成熟期对前两个月的气候因子基本没有响应。

表3.39 常绿和落叶针叶植物果实成熟期与前两个月气候因子的相关系数

常绿和落叶针叶植物	9—10月平均气温(X_1)	9—10月平均最高气温(X_2)	9—10月平均最低气温(X_3)	9—10月总日照时数(X_4)	9—10月总降雨量(X_5)	9—10月白天≥10 ℃有效积温(X_6)	9—10月夜间≥10 ℃有效积温(X_7)
1. 柳杉	0.247	−0.065	0.476	−0.333	0.258	0.240	0.341

续表

常绿和落叶针叶植物	9—10月平均气温(X_1)	9—10月平均最高气温(X_2)	9—10月平均最低气温(X_3)	9—10月总日照时数(X_4)	9—10月总降雨量(X_5)	9—10月白天≥10 ℃有效积温(X_6)	9—10月夜间≥10 ℃有效积温(X_7)
2. 圆柏	−0.352	−0.314	−0.118	−0.005	0.338	−0.243	−0.214
3. 杉木	0.120	−0.302	0.650	−0.018	0.698	0.106	0.328
4. 金钱松	−0.142	−0.125	−0.293	−0.111	−0.481	−0.301	−0.274
	8—9月平均气温(X_1)	8—9月平均最高气温(X_2)	8—9月平均最低气温(X_3)	8—9月总日照时数(X_4)	8—9月总降雨量(X_5)	8—9月白天≥10 ℃有效积温(X_6)	8—9月夜间≥10 ℃有效积温(X_7)
5. 日本柳杉	−0.030	0.341	−0.010	0.628	0.180	0.171	0.105
6. 火炬松	0.104	−0.035	−0.188	0.892*	0.121	0.099	0.104
7. 马尾松	0.266	0.303	0.054	0.481	−0.092	0.135	0.134
8. 侧柏	−0.318	−0.287	−0.397	−0.175	0.352	−0.346	−0.381
9. 水杉	0.051	0.124	0.146	−0.110	−0.349	0.098	0.130
	7—8月平均气温(X_1)	7—8月平均最高气温(X_2)	7—8月平均最低气温(X_3)	7—8月总日照时数(X_4)	7—8月总降雨量(X_5)	7—8月白天≥10 ℃有效积温(X_6)	7—8月夜间≥10 ℃有效积温(X_7)
10. 湿地松	−0.765	−0.796	0.248	−0.679	0.509	−0.531	−0.231
11. 罗汉松	−0.065	0.100	0.421	0.549	−0.255	0.314	0.368

表 3.40 常绿和落叶针叶植物果实成熟期对气候因子的响应

常绿和落叶针叶植物	各气候因子	回归方程	气候响应解释
1. 火炬松	X_4为8—9月总日照时数/h	$Y=0.136X_4-7.719$	火炬松果实成熟期与X_4呈显著正相关。8—9月总日照时数每增加1 h,果实成熟期延迟0.1 d

3.3.6 常绿和落叶果树果实成熟期对气候生态因子的响应

经7个常绿和落叶果树的果实成熟期与前两个月的气候因子相关统计,均不显著相关,见表3.41。

表 3.41 常绿和落叶果树果实成熟期与前两个月气候因子的相关系数

常绿和落叶果树	3—4月平均气温(X_1)	3—4月平均最高气温(X_2)	3—4月平均最低气温(X_3)	3—4月总日照时数(X_4)	3—4月总降雨量(X_5)	3—4月白天≥10 ℃有效积温(X_6)	3—4月夜间≥10 ℃有效积温(X_7)
1. 枇杷	−0.353	−0.321	−0.312	0.231	0.183	−0.329	−0.309
	5—6月平均气温(X_1)	5—6月平均最高气温(X_2)	5—6月平均最低气温(X_3)	5—6月总日照时数(X_4)	5—6月总降雨量(X_5)	5—6月白天≥10 ℃有效积温(X_6)	5—6月夜间≥10 ℃有效积温(X_7)
2. 枣树	−0.315	−0.302	−0.383	0.054	0.458	−0.413	−0.419
3. 桃树	−0.166	−0.385	0.159	−0.159	0.111	−0.149	−0.003
4. 石榴	−0.136	−0.288	−0.107	−0.427	0.359	−0.265	−0.193

续表

	7—8月平均气温(X_1)	7—8月平均最高气温(X_2)	7—8月平均最低气温(X_3)	7—8月总日照时数(X_4)	7—8月总降雨量(X_5)	7—8月白天≥10 ℃有效积温(X_6)	7—8月夜间≥10 ℃有效积温(X_7)
5. 柑橘	0.140	0.138	−0.272	0.042	0.270	−0.002	−0.165
6. 柿树	−0.324	−0.065	−0.352	0.136	0.175	−0.258	−0.271
	4—5月平均气温(X_1)	4—5月平均最高气温(X_2)	4—5月平均最低气温(X_3)	4—5月总日照时数(X_4)	4—5月总降雨量(X_5)	4—5月白天≥10 ℃有效积温(X_6)	4—5月夜间≥10 ℃有效积温(X_7)
7. 杨梅	−0.410	−0.497	0.094	−0.465	0.258	−0.377	−0.212

3.4 植物叶全变色期对气候生态因子的响应

3.4.1 落叶乔木叶全变色期对气候生态因子的响应

经36个落叶乔木的叶全变色期与前两个月气候因子相关统计，有11个呈显著相关或极显著相关，见表3.42。根据显著相关或极显著相关建立回归方程，并作出响应程度解释，见表3.43。

表3.42 落叶乔木叶全变色期与前两个月气候因子的相关系数

落叶乔木	9—10月平均气温(X_1)	9—10月平均最高气温(X_2)	9—10月平均最低气温(X_3)	9—10月总日照时数(X_4)	9—10月总降雨量(X_5)	9—10月白天≥10 ℃有效积温(X_6)	9—10月夜间≥10 ℃有效积温(X_7)
1. 鹅掌楸	−0.408	−0.211	−0.450	0.001	−0.322	−0.358	−0.391
2. 加杨	−0.270	−0.150	−0.427	−0.265	−0.099	−0.299	−0.353
3. 复羽叶栾树	0.089	0.268	−0.089	0.028	−0.152	0.101	0.037
4. 肥皂荚	0.288	0.195	0.456	−0.046	0.425	0.337	0.383
5. 二球悬铃木	−0.025	0.019	0.023	−0.269	0.168	0.027	0.034
6. 榔榆	−0.152	−0.106	−0.195	0.404	0.009	−0.161	−0.187
7. 枫香	0.084	0.308	−0.096	0.286	0.170	0.112	0.048
8. 梧桐	0.345	0.435	0.270	0.130	0.333	0.350	0.300
9. 臭椿	−0.348	−0.206	−0.501*	−0.052	−0.510*	−0.363	−0.405
10. 紫穗槐	−0.235	−0.149	−0.261	−0.069	−0.424	−0.203	−0.219
11. 湖北海棠	−0.015	−0.048	0.025	−0.360	0.196	0.009	0.038
12. 梓树	−0.310	−0.221	−0.289	−0.110	0.186	−0.265	−0.259
13. 毛红椿	−0.477	−0.354	−0.376	−0.176	−0.397	−0.385	−0.365
14. 油桐	−0.317	−0.540	−0.271	−0.560	0.326	−0.421	−0.381

续表

落叶乔木	9—10 月平均气温(X_1)	9—10 月平均最高气温(X_2)	9—10 月平均最低气温(X_3)	9—10 月总日照时数(X_4)	9—10 月总降雨量(X_5)	9—10 月白天≥10 ℃有效积温(X_6)	9—10 月夜间≥10 ℃有效积温(X_7)
15. 白花泡桐	−0.618*	−0.493	−0.722**	−0.113	−0.197	−0.632**	−0.679**
16. 苦楝	−0.157	−0.031	−0.169	−0.069	0.094	−0.105	−0.146
17. 蓝果树	−0.367	−0.218	−0.542*	0.052	−0.490	−0.390	−0.455
18. 元宝槭	0.063	0.196	−0.129	0.147	−0.064	0.047	0.001
19. 白玉兰	−0.333	−0.204	−0.478	−0.207	−0.013	−0.360	−0.422
20. 锥栗	0.016	0.019	−0.035	−0.158	0.604*	−0.008	−0.031
21. 黄檀	−0.532	−0.501	−0.427	−0.491	−0.337	−0.476	−0.442
22. 板栗	−0.216	−0.035	−0.389	0.119	0.584	−0.249	−0.346
	10—11 月平均气温(X_1)	10—11 月平均最高气温(X_2)	10—11 月平均最低气温(X_3)	10—11 月总日照时数(X_4)	10—11 月总降雨量(X_5)	10—11 月白天≥10 ℃有效积温(X_6)	10—11 月夜间≥10 ℃有效积温(X_7)
23. 香椿	0.450	0.648*	−0.164	0.155	0.042	0.258	0.034
24. 枫杨	0.411	0.145	0.126	−0.151	−0.283	0.240	0.224
25. 垂柳	−0.356	−0.177	−0.384	−0.319	0.177	−0.458	−0.511
26. 龙爪槐	−0.265	−0.127	−0.322	−0.466	0.549*	−0.248	−0.294
27. 小鸡爪槭	0.234	−0.039	0.438	0.204	−0.275	0.227	0.327
28. 麻栎	0.453	0.469	0.328	−0.052	0.026	0.538*	0.498*
29. 南酸枣	0.248	0.666**	−0.052	0.375	−0.537*	0.503*	0.357
30. 构树	0.021	0.440	−0.419	0.219	−0.398	0.158	0.002
31. 喜树	−0.052	−0.274	−0.315	−0.565*	0.115	−0.331	−0.327
32. 乌桕	0.353	0.384	0.038	0.028	−0.619*	0.389	0.309
33. 白榆	0.075	0.050	0.035	−0.247	0.369	0.004	−0.001
34. 合欢	0.633*	0.472	0.418	0.275	0.098	0.562*	0.539*
	7—8 月平均气温(X_1)	7—8 月平均最高气温(X_2)	7—8 月平均最低气温(X_3)	7—8 月总日照时数(X_4)	7—8 月总降雨量(X_5)	7—8 月白天≥10 ℃有效积温(X_6)	7—8 月夜间≥10 ℃有效积温(X_7)
35. 榉树	0.322	0.368	−0.113	0.245	0.291	0.135	0.044
	8—9 月平均气温(X_1)	8—9 月平均最高气温(X_2)	8—9 月平均最低气温(X_3)	8—9 月总日照时数(X_4)	8—9 月总降雨量(X_5)	8—9 月白天≥10 ℃有效积温(X_6)	8—9 月夜间≥10 ℃有效积温(X_7)
36. 檫木	−0.07	0.104	−0.278	−0.291	−0.312	0.016	−0.114

表 3.43 落叶乔木叶全变色期对前两个月气候因子的响应

落叶乔木	各气候因子	回归方程	气候响应解释
1. 臭椿	X_3为 9—10 月平均最低气温/℃ X_5为 9—10 月总降雨量/mm	$Y=-0.963X_3-0.029X_5+32.335$	臭椿叶全变色期与 X_3、X_5 呈显著负相关。9—10 月平均最低气温每升高 1 ℃，叶全变色提早 1.0 d；9—10 月总降雨量每增加 1 mm，叶全变色提早 0.03 d

续表

落叶乔木	各气候因子	回归方程	气候响应解释
2. 白花泡桐	X_1为9—10月平均气温/℃ X_3为9—10月平均最低气温/℃ X_6为9—10月白天≥10 ℃有效积温/(℃·d) X_7为9—10月夜间≥10 ℃有效积温/(℃·d)	$Y=-0.078X_1-4.684X_3-0.619X_6-0.777X_7-8.21$	白花泡桐叶全变色期与X_1呈显著负相关,与X_3、X_6、X_7呈极显著负相关。9—10月平均气温每升高1 ℃,叶全变色提早0.1 d;9—10月平均最低气温每升高1 ℃,叶全变色提早4.7 d;9—10月白天≥10 ℃有效积温每升高1 ℃·d,叶全变色提早0.6 d;9—10月夜间≥10 ℃有效积温每升高1 ℃·d,叶全变色提早0.8 d
3. 蓝果树	X_3为9—10月平均最低气温/℃	$Y=-2.209X_3+59.472$	蓝果树叶全变色期与X_3呈显著负相关。9—10月平均最低气温每升高1 ℃,叶全变色提早2.2 d
4. 锥栗	X_5为9—10月总降雨量/mm	$Y=0.081X_5+14.988$	锥栗叶全变色期与X_5呈显著正相关。9—10月总降雨量每增加1 mm,叶全变色延迟0.1 d
5. 香椿	X_2为10—11月平均最高气温/℃	$Y=2.940X_2-51.767$	香椿叶全变色期与X_2呈显著正相关。10—11月平均最高气温每升高1 ℃,叶全变色延迟2.9 d
6. 龙爪槐	X_5为10—11月总降雨量/mm	$Y=0.071X_5+11.422$	龙爪槐叶全变色期与X_5呈显著正相关。10—11月总降雨量每增加1 mm,叶全变色延迟0.1 d
7. 麻栎	X_6为10—11月白天≥10 ℃有效积温/(℃·d) X_7为10—11月夜间≥10 ℃有效积温/(℃·d)	$Y=0.090X_6+0.021X_7-23.571$	麻栎叶全变色期与X_6、X_7呈显著正相关。10—11月白天≥10 ℃有效积温每升高1 ℃·d,叶全变色延迟0.1 d;10—11月夜间≥10 ℃有效积温每升高1 ℃·d,叶全变色仅延迟0.02 d,响应微弱
8. 南酸枣	X_2为10—11月平均最高气温/℃ X_5为10—11月总降雨量/mm X_6为10—11月白天≥10 ℃有效积温/(℃·d)	$Y=3.611X_2-0.020X_5+0.008X_6-65.812$	南酸枣叶全变色期与X_2呈极显著正相关,与X_5呈显著负相关,与X_6呈显著正相关。10—11月平均最高气温每升高1 ℃,叶全变色延迟3.6 d;10—11月总降雨量每增加1 mm,叶全变色提早0.02 d,影响很小;10—11月白天≥10 ℃有效积温每升高1 ℃·d,叶全变色延迟0.01 d,影响很小
9. 喜树	X_4为10—11月总日照时数/h	$Y=-0.087X_4+47.711$	喜树叶全变色期与X_4呈显著负相关。10—11月总日照时数每增加1 h,叶全变色提早0.1 d
10. 合欢	X_1为10—11月平均气温/℃ X_6为10—11月白天≥10 ℃有效积温/(℃·d) X_7为10—11月夜间≥10 ℃有效积温/(℃·d)	$Y=6.335X_1+0.002X_6+0.037X_7-106.579$	合欢叶全变色期与X_1、X_6、X_7呈显著正相关。10—11月平均气温每升高1 ℃,叶全变色延迟6.3 d;10—11月白天≥10 ℃有效积温和夜间≥10 ℃有效积温对叶全变色延迟响应甚微
11. 乌桕	X_5为10—11月总降雨量/mm	$Y=-0.039X_5+14.178$	乌桕叶全变色期与X_5呈显著负相关。10—11月总降雨量每增加1 mm,叶全变色期提早0.04 d,响应甚微

叶全变色前两个月平均气温每升高 1 ℃，白花泡桐叶全变色延迟 0.1 d、合欢延迟 6.3 d；叶全变色前两个月平均最高气温每升高 1 ℃，香椿叶全变色延迟 2.9 d、南酸枣叶全变色延迟 3.6 d；叶全变色前两个月平均最低气温每升高 1 ℃，臭椿叶全变色提前 1.0 d、白花泡桐叶全变色提早 4.7 d、蓝果树叶全变色提早 2.2 d；其他气候因子影响很小。

3.4.2 落叶灌木叶全变色期对气候生态因子的响应

经 11 个落叶灌木的叶全变色期与前两个月气候因子相关统计，仅 2 个呈显著相关或极显著相关，见表 3.44。根据显著相关或极显著相关建立回归方程，并作出响应程度解释，见表 3.45。

表 3.44 落叶灌木叶全变色期与前两个月气候因子的相关系数

落叶灌木	9—10 月平均气温(X_1)	9—10 月平均最高气温(X_2)	9—10 月平均最低气温(X_3)	9—10 月总日照时数(X_4)	9—10 月总降雨量(X_5)	9—10 月白天≥10 ℃有效积温(X_6)	9—10 月夜间≥10 ℃有效积温(X_7)
1. 日本樱花	−0.168	−0.182	−0.237	−0.067	−0.103	−0.238	−0.258
2. 紫荆	−0.178	−0.231	−0.311	−0.122	0.107	−0.296	−0.309
3. 紫薇	−0.066	−0.109	−0.180	−0.136	−0.497	−0.156	−0.159
4. 日本晚樱	−0.298	−0.377	−0.095	−0.187	0.206	−0.299	−0.247
5. 二乔玉兰	−0.151	−0.143	−0.129	−0.269	−0.276	−0.138	−0.132
6. 木瓜	−0.310	−0.134	−0.463	0.441	−0.159	−0.329	−0.379
7. 羽毛枫	−0.663*	−0.431	−0.853**	0.122	−0.747*	−0.701*	−0.772**
	10—11 月平均气温(X_1)	10—11 月平均最高气温(X_2)	10—11 月平均最低气温(X_3)	10—11 月总日照时数(X_4)	10—11 月总降雨量(X_5)	10—11 月白天≥10 ℃有效积温(X_6)	10—11 月夜间≥10 ℃有效积温(X_7)
8. 蜡梅	0.182	0.141	−0.282	−0.214	−0.216	−0.121	−0.224
9. 木槿	−0.306	−0.011	−0.412	−0.311	0.134	−0.281	−0.398
10. 丝棉木	−0.203	−0.471	−0.085	−0.500*	0.290	−0.244	−0.141
	7—8 月平均气温(X_1)	7—8 月平均最高气温(X_2)	7—8 月平均最低气温(X_3)	7—8 月总日照时数(X_4)	7—8 月总降雨量(X_5)	7—8 月白天≥10 ℃有效积温(X_6)	7—8 月夜间≥10 ℃有效积温(X_7)
11. 红叶碧桃	−0.110	0.181	−0.231	0.440	0.128	0.028	−0.083

表 3.45 落叶灌木叶全变色期对前两个月气候因子的响应

落叶灌木	各气候因子	回归方程	气候响应解释
1. 羽毛枫	X_1为 9—10 月平均气温/℃ X_3为 9—10 月平均最低气温/℃ X_5为 9—10 月总降雨量/mm X_6为 9—10 月白天≥10 ℃有效积温/(℃·d) X_7为 9—10 月夜间≥10 ℃有效积温/(℃·d)	$Y=-0.663X_1-7.196X_3-0.035X_5-0.493X_6-0.675X_7-41.744$	羽毛枫叶全变色期与 X_1、X_5、X_6呈显著负相关，与 X_3、X_7呈极显著负相关。9—10 月平均气温每升高 1 ℃，叶全变色提早 0.7 d；9—10 月平均最低气温每升高 1 ℃，叶全变色提早 7.2 d；9—10 月总降雨量每增加 1 mm，叶全变色提早 0.04 d；9—10 月白天≥10 ℃有效积温每升高 1 ℃·d，叶全变色提早 0.5 d；9—10 月夜间≥10 ℃有效积温每升高 1 ℃·d，叶全变色提早 0.7 d

续表

落叶灌木	各气候因子	回归方程	气候响应解释
2. 丝棉木	X_4为10—11月总日照时数/h	$Y=-0.097X_4+61.157$	丝棉木叶全变色期与X_4呈显著负相关。10—11月总日照时数每增加1 h，叶全变色提早0.1 d

9—10月平均气温每升高1 ℃，羽毛枫叶全变色提早0.7 d；9—10月平均最低气温每升高1 ℃，叶全变色提早7.2 d；9—10月总降雨量影响很微小，9—10月白天≥10 ℃有效积温每升高1 ℃·d，叶全变色提早0.5 d，9—10月夜间≥10 ℃有效积温每升高1 ℃·d，叶全变色提早0.7 d。

3.4.3 落叶针叶植物叶全变色期对气候生态因子的响应

经2个落叶针叶植物的叶全变色期与前两个月气候因子相关统计，只有1个针叶植物与气候因子呈极显著负相关，见表3.46。根据极显著相关建立回归方程，并作出响应程度解释，见表3.47。

表3.46 落叶针叶植物叶全变色期与前两个月气候因子相关系数

落叶针叶植物	9—10月平均气温(X_1)	9—10月平均最高气温(X_2)	9—10月平均最低气温(X_3)	9—10月总日照时数(X_4)	9—10月总降雨量(X_5)	9—10月白天≥10 ℃有效积温(X_6)	9—10月夜间≥10 ℃有效积温(X_7)
1. 金钱松	0.017	−0.040	−0.228	0.101	−0.356	−0.189	−0.214
2. 水杉	−0.228	0.277	−0.721**	0.410	−0.361	−0.266	−0.490

表3.47 落叶针叶植物叶全变色期对前两个月气候因子的响应

落叶针叶植物	各气候因子	回归方程	气候响应解释
1. 水杉	X_3为9—10月平均最低气温/℃	$Y=-7.431X_3+156.693$	水杉叶全变色期与X_3呈极显著负相关。9—10月平均最低气温每升高1 ℃，叶全变色提早7.4 d

水杉叶全变色前两个月平均最低气温每升高1 ℃，叶全变色提早7.4 d。

3.4.4 落叶果树叶全变色期对气候生态因子的响应

经4个落叶果树的叶全变色期与前两个月的气候因子相关统计，均不存在显著相关，见表3.48。

表3.48 落叶果树叶全变色期与前两个月气候因子的相关系数

落叶果树	9—10月平均气温(X_1)	9—10月平均最高气温(X_2)	9—10月平均最低气温(X_3)	9—10月总日照时数(X_4)	9—10月总降雨量(X_5)	9—10月白天≥10 ℃有效积温(X_6)	9—10月夜间≥10 ℃有效积温(X_7)
1. 枣树	0.003	−0.173	0.146	0.171	0.112	−0.039	0.028

续表

	10—11 月平均气温(X_1)	10—11 月平均最高气温(X_2)	10—11 月平均最低气温(X_3)	10—11 月总日照时数(X_4)	10—11 月总降雨量(X_5)	10—11 月白天≥10 ℃有效积温(X_6)	10—11 月夜间≥10 ℃有效积温(X_7)
2. 石榴	0.585	0.542	0.413	0.048	−0.345	0.742	0.697
	8—9 月平均气温(X_1)	8—9 月平均最高气温(X_2)	8—9 月平均最低气温(X_3)	8—9 月总日照时数(X_4)	8—9 月总降雨量(X_5)	8—9 月白天≥10 ℃有效积温(X_6)	8—9 月夜间≥10 ℃有效积温(X_7)
3. 柿树	−0.014	−0.069	−0.123	−0.443	0.059	−0.120	−0.123
	7—8 月平均气温(X_1)	7—8 月平均最高气温(X_2)	7—8 月平均最低气温(X_3)	7—8 月总日照时数(X_4)	7—8 月总降雨量(X_5)	7—8 月白天≥10 ℃有效积温(X_6)	7—8 月夜间≥10 ℃有效积温(X_7)
4. 桃	0.201	0.241	−0.061	0.282	0.004	0.101	0.084

3.5　植物落叶末期对气候生态因子的响应

3.5.1　落叶乔木落叶末期对气候生态因子的响应

经 36 个落叶乔木的落叶末期与前两个月气候因子相关统计，有 16 个呈显著相关或极显著相关，见表 3.49。根据显著相关或极显著相关建立回归方程，并作出响应程度解释，见表 3.50。

表 3.49　落叶乔木落叶末期与前两个月气候因子的相关系数

落叶乔木	10—11 月平均气温(X_1)	10—11 月平均最高气温(X_2)	10—11 月平均最低气温(X_3)	10—11 月总日照时数(X_4)	10—11 月总降雨量(X_5)	10—11 月白天≥10 ℃有效积温(X_6)	10—11 月夜间≥10 ℃有效积温(X_7)
1. 鹅掌楸	−0.142	−0.346	0.405	−0.181	0.382	0.039	0.225
2. 加杨	−0.245	−0.190	−0.567*	−0.320	0.091	−0.474	−0.532*
3. 复羽叶栾树	−0.229	0.131	−0.228	0.262	−0.042	−0.031	−0.096
4. 肥皂荚	0.297	0.346	0.457	0.074	−0.010	0.599*	0.615**
5. 榔榆	0.055	−0.219	0.427	−0.126	−0.073	0.134	0.296
6. 枫香	0.206	0.16	0.101	−0.314	0.316	0.252	0.237
7. 乌桕	0.576*	0.114	0.175	−0.399	−0.047	0.192	0.193
8. 梧桐	0.568*	0.496*	0.055	0.077	−0.457	0.416	0.287
9. 喜树	0.221	0.012	0.006	−0.288	−0.104	−0.008	0
10. 紫穗槐	0.326	0.364	0.169	0.082	−0.185	0.480	0.448
11. 白花泡桐	0.133	0.324	−0.404	−0.207	−0.280	0.044	−0.123
12. 苦楝	0.002	0.032	−0.014	0.194	−0.104	0.063	0.058
13. 构树	0.328	0.472	−0.056	0.213	−0.707**	0.381	0.277

续表

落叶乔木	10—11月平均气温(X_1)	10—11月平均最高气温(X_2)	10—11月平均最低气温(X_3)	10—11月总日照时数(X_4)	10—11月总降雨量(X_5)	10—11月白天≥10 ℃有效积温(X_6)	10—11月夜间≥10 ℃有效积温(X_7)
14. 蓝果树	0.171	0.406	−0.099	0.237	−0.241	0.270	0.160
15. 白榆	0.129	0.297	0.076	0.298	−0.224	0.281	0.244
16. 元宝槭	0.432	0.519*	0.305	0.469	−0.514*	0.592*	0.553*
17. 南酸枣	0.305	0.582*	0.071	0.061	−0.076	0.411	0.277
18. 梓树	0.223	0.033	0.120	−0.117	0.205	0.120	0.121
19. 麻栎	0.592*	0.255	0.550*	0.236	−0.262	0.449	0.483
20. 毛红椿	0.526*	0.692**	0.305	0.491	−0.465	0.708**	0.618*
21. 白玉兰	0.469	0.243	0.456	0.228	−0.519*	0.591*	0.639**
22. 锥栗	0.229	0.426	0.045	0.138	−0.072	0.367	0.290
23. 小鸡爪槭	0.041	0.224	0.224	0.512	0.093	0.301	0.312
24. 龙爪槐	0.391	0.118	0.175	−0.436	−0.135	0.255	0.264
25. 榉树	0.340	0.241	−0.111	−0.137	−0.295	0.115	0.033
26. 油桐	0.078	−0.357	0.073	−0.586	0.167	−0.345	−0.289
27. 枫杨	0.297	0.161	0.164	−0.084	−0.209	0.340	0.351
28. 香椿	0.404	0.633*	−0.219	0.093	−0.275	0.342	0.130
29. 黄檀	0.904**	0.699	0.232	0.096	−0.550	0.744*	0.625
30. 合欢	0.357	0.418	0.034	0.240	−0.301	0.305	0.227
	9—10月平均气温(X_1)	9—10月平均最高气温(X_2)	9—10月平均最低气温(X_3)	9—10月总日照时数(X_4)	9—10月总降雨量(X_5)	9—10月白天≥10 ℃有效积温(X_6)	9—10月夜间≥10 ℃有效积温(X_7)
31. 臭椿	−0.182	−0.100	−0.275	0.043	−0.610**	−0.185	−0.202
32. 湖北海棠	−0.195	−0.062	−0.249	−0.125	−0.027	−0.156	−0.179
33. 檫木	−0.474	−0.235	−0.426	−0.137	−0.545	−0.342	−0.361
34. 板栗	0.505*	0.571*	−0.016	0.347	−0.026	0.412	0.264
	11—12月平均气温(X_1)	11—12月平均最高气温(X_2)	11—12月平均最低气温(X_3)	11—12月总日照时数(X_4)	11—12月总降雨量(X_5)	11—12月白天≥5 ℃有效积温(X_6)	11—12月夜间≥5 ℃有效积温(X_7)
35. 垂柳	0.514*	0.459	0.349	−0.403	−0.207	0.476	0.472
	12月—翌年1月平均气温(X_1)	12月—翌年1月平均最高气温(X_2)	12月—翌年1月平均最低气温(X_3)	12月—翌年1月总日照时数(X_4)	12月—翌年1月总降雨量(X_5)	12月—翌年1月白天≥5 ℃有效积温(X_6)	12月—翌年1月夜间≥5 ℃有效积温(X_7)
36. 二球悬铃木	−0.122	0.266	0.031	0.663	−0.696*	0.172	0.145

表 3.50 落叶乔木落叶末期对前两个月气候因子的响应

落叶乔木	各气候因子	回归方程	气候响应解释
1. 加杨	X_3为10—11月平均最低气温/℃ X_7为10—11月夜间≥10 ℃有效积温/(℃·d)	$Y=-4.565X_3-0.045X_7+95.522$	加杨落叶末期与X_3、X_7呈显著负相关。10—11月平均最低气温每升高1 ℃，落叶末期提早4.6 d；10—11月夜间≥10 ℃有效积温每升高1 ℃·d，落叶末期提早0.04 d

续表

落叶乔木	各气候因子	回归方程	气候响应解释
2. 肥皂荚	X_6为10—11月白天≥10 ℃有效积温/(℃·d) X_7为10—11月夜间≥10 ℃有效积温/(℃·d)	$Y=0.028X_6+0.091X_7-28.008$	肥皂荚落叶末期与X_6呈显著正相关，与X_7呈极显著正相关。10—11月白天≥10 ℃有效积温每升高1 ℃·d，落叶末期延迟0.03 d；10—11月夜间≥10 ℃有效积温每升高1 ℃·d，落叶末期延迟0.1 d，两者均影响甚微
3. 乌桕	X_1为10—11月平均气温/℃	$Y=6.112X_1-85.190$	乌桕落叶末期与X_1呈显著正相关。10—11月平均气温每升高1 ℃，落叶末期延迟6.1 d
4. 梧桐	X_1为10—11月平均气温/℃ X_2为10—11月平均最高气温/℃	$Y=6.768X_1+2.856X_2-157.121$	梧桐落叶末期与X_1、X_2呈显著正相关。10—11月平均气温每升高1 ℃，落叶末期延迟6.8 d；10—11月平均最高气温每升高1 ℃，落叶末期延迟2.9 d
5. 构树	X_5为10—11月总降雨量/mm	$Y=-0.070X_5+35.446$	构树落叶末期与X_5呈极显著负相关。10—11月总降雨量每增加1 mm，落叶末期提早0.1 d
6. 元宝槭	X_2为10—11月平均最高气温/℃ X_5为10—11月总降雨量/mm X_6为10—11月白天≥10 ℃有效积温/(℃·d) X_7为10—11月夜间≥10 ℃有效积温/(℃·d)	$Y=7.631X_2-0.064X_5+2.195X_6+1.723X_7-399.128$	元宝槭落叶末期与X_2、X_6、X_7呈显著正相关，与X_5呈显著负相关。10—11月平均最高气温每升高1 ℃，落叶末期延迟7.6 d；10—11月总降雨量每增加1 mm，落叶末期提早0.1 d；10—11月白天≥10 ℃有效积温每升高1 ℃·d，落叶末期延迟2.2 d；10—11月夜间≥10 ℃有效积温每升高1 ℃·d，落叶末期延迟1.7 d
7. 南酸枣	X_2为10—11月平均最高气温/℃	$Y=3.035X_2-45.152$	南酸枣落叶末期与X_2呈显著正相关。10—11月平均最高气温每升高1 ℃，落叶末期延迟3.0 d
8. 麻栎	X_1为10—11月平均气温/℃ X_3为10—11月平均最低气温/℃	$Y=4.189X_1+2.300X_3-66.454$	麻栎落叶末期与X_1、X_3呈显著正相关。10—11月平均气温每升高1 ℃，落叶末期延迟4.2 d；10—11月平均最低气温每升高1 ℃，落叶末期延迟2.3 d
9. 毛红椿	X_1为10—11月平均气温/℃ X_2为10—11月平均最高气温/℃ X_6为10—11月白天≥10 ℃有效积温/(℃·d) X_7为10—11月夜间≥10 ℃有效积温/(℃·d)	$Y=3.519X_1+12.931X_2+0.461X_6+0.433X_7-155.313$	毛红椿落叶末期与X_1、X_7呈显著正相关，与X_2、X_6呈极显著正相关。10—11月平均气温每升高1 ℃，落叶末期延迟3.5 d；10—11月平均最高气温每升高1 ℃，落叶末期延迟12.9 d；10—11月白天≥10 ℃有效积温每升高1 ℃·d，落叶末期延迟0.5 d；10—11月夜间≥10 ℃有效积温每升高1 ℃·d，落叶末期延迟0.4 d
10. 白玉兰	X_5为10—11月总降雨量/mm X_6为10—11月白天≥10 ℃有效积温/(℃·d) X_7为10—11月夜间≥10 ℃有效积温/(℃·d)	$Y=-0.043X_5+0.145X_6+0.224X_7-1.799$	白玉兰落叶末期与X_5呈显著负相关，与X_6呈显著正相关，与X_7呈极显著正相关。10—11月总降雨量每增加1 mm，落叶末期仅提早0.04 d；10—11月白天≥10 ℃有效积温每升高1 ℃·d，落叶末期延迟0.1 d；10—11月夜间≥10 ℃有效积温每升高1 ℃·d，落叶末期延迟0.2 d

续表

落叶乔木	各气候因子	回归方程	气候响应解释
11. 香椿	X_2为10—11月平均最高气温/℃	$Y=5.553X_2-92.654$	香椿落叶末期与X_2呈显著正相关。10—11月平均最高气温每升高1℃，落叶末期延迟5.6 d
12. 黄檀	X_1为10—11月平均气温/℃ X_6为10—11月白天≥10℃有效积温/(℃·d)	$Y=11.124X_1+0.018X_6-165.626$	黄檀落叶末期与X_1呈极显著正相关，与X_6呈显著正相关。10—11月平均气温每升高1℃，落叶末期延迟11.1 d；10—11月白天≥10℃有效积温每升高1℃·d，落叶末期延迟0.02 d，几乎没响应
13. 臭椿	X_5为9—10月总降雨量/mm	$Y=-0.069X_5+33.501$	臭椿落叶末期与X_5呈极显著负相关。9—10月总降雨量每增加1 mm，落叶末期提早0.1 d
14. 垂柳	X_1为11—12月平均气温/℃	$Y=3.647X_1-25.061$	垂柳落叶末期与X_1呈显著正相关。11—12月平均气温每升高1℃，落叶末期延迟3.6 d
15. 二球悬铃木	X_5为12月—翌年1月总降雨量/mm	$Y=-0.103X_5+45.815$	二球悬铃木落叶末期与X_5呈显著负相关。12月—翌年1月总降雨量每增加1 mm，落叶末期提早0.1 d
16. 板栗	X_1为9—10月平均气温/℃ X_2为9—10月平均最高气温/℃	$Y=1.455X_1+3.104X_2-93.860$	板栗落叶末期与X_1、X_2呈显著正相关。9—10月平均气温每升高1℃，落叶末期延迟1.5 d；9—10月平均最高气温每升高1℃，落叶末期延迟3.1 d

平均气温对6个落叶乔木落叶末期有影响，落叶末期前两个月平均气温每升高1℃，落叶末期乌桕延迟6.1 d、梧桐延迟6.8 d、麻栎延迟4.2 d、垂柳延迟3.6 d、黄檀延迟11.1 d、毛红椿延迟3.5 d、板栗延迟1.5 d；落叶末期前两个月平均最高气温每升高1℃，梧桐、元宝槭、南酸枣、毛红椿、香椿、板栗落叶末期分别延迟2.9 d、7.6 d、3.0 d、12.9 d、5.6 d、3.1 d；月总降雨量、月白天≥10℃有效积温和月夜间≥10℃有效积温影响很小。

3.5.2 落叶灌木落叶末期对气候生态因子的响应

经15个落叶灌木的落叶末期与前两个月气候因子相关统计，有6个呈显著相关或极显著相关，见表3.51。根据显著相关和极显著相关建立回归方程，并作出响应程度解释，见3.52。

表3.51 落叶灌木落叶末期与前两个月气候因子的相关系数

落叶灌木	10—11月平均气温(X_1)	10—11月平均最高气温(X_2)	10—11月平均最低气温(X_3)	10—11月总日照时数(X_4)	10—11月总降雨量(X_5)	10—11月白天≥10℃有效积温(X_6)	10—11月夜间≥10℃有效积温(X_7)
1. 日本樱花	0.317	0.564*	0.181	0.229	−0.403	0.540*	0.450
2. 紫荆	0.427	0.003	0.151	−0.363	−0.028	0.085	0.106
3. 紫薇	0.547*	0.423	0.252	−0.030	0.065	0.471	0.397
4. 木槿	−0.109	0.304	−0.228	−0.038	−0.005	0.147	0.031
5. 日本晚樱	0.164	0.275	0.473	0.024	0.162	0.494	0.522

续表

	11—12月平均气温(X_1)	11—12月平均最高气温(X_2)	11—12月平均最低气温(X_3)	11—12月总日照时数(X_4)	11—12月总降雨量(X_5)	11—12月白天≥5 ℃有效积温(X_6)	11—12月夜间≥5 ℃有效积温(X_7)
6. 二乔玉兰	0.497*	0.484*	0.417	0.130	−0.149	0.610**	0.598*
7. 木瓜	−0.195	0.162	−0.334	0.222	−0.498	−0.211	−0.352
8. 蜡梅	0.490*	0.254	0.149	−0.300	−0.317	0.286	0.285
9. 连翘	0.099	−0.01	0.168	−0.400	0.088	0.050	0.071
10. 丝棉木	−0.216	−0.121	−0.074	−0.074	0.210	−0.082	−0.043
	12月—翌年1月平均气温(X_1)	12月—翌年1月平均最高气温(X_2)	12月—翌年1月平均最低气温(X_3)	12月—翌年1月总日照时数(X_4)	12月—翌年1月总降雨量(X_5)	12月—翌年1月白天≥5 ℃有效积温(X_6)	12月—翌年1月夜间≥5 ℃有效积温(X_7)
11. 绣球	0.268	0.347	0.189	0.368	−0.365	0.314	0.308
12. 美人蕉	0.559*	0.643*	0.206	0.232	−0.214	0.517	0.410
	9—10月平均气温(X_1)	9—10月平均最高气温(X_2)	9—10月平均最低气温(X_3)	9—10月总日照时数(X_4)	9—10月总降雨量(X_5)	9—10月白天≥10 ℃有效积温(X_6)	9—10月夜间≥10 ℃有效积温(X_7)
13. 羽毛枫	−0.525	−0.286	−0.738*	−0.029	−0.693*	−0.558	−0.632*
	8—9月平均气温(X_1)	8—9月平均最高气温(X_2)	8—9月平均最低气温(X_3)	8—9月总日照时数(X_4)	8—9月总降雨量(X_5)	8—9月白天≥10 ℃有效积温(X_6)	8—9月夜间≥10 ℃有效积温(X_7)
14. 红叶碧桃	−0.284	−0.069	−0.067	0.009	−0.065	−0.108	−0.099
	5—6月平均气温(X_1)	5—6月平均最高气温(X_2)	5—6月平均最低气温(X_3)	5—6月总日照时数(X_4)	5—6月总降雨量(X_5)	5—6月白天≥10 ℃有效积温(X_6)	5—6月夜间≥10 ℃有效积温(X_7)
15. 芍药	−0.401	−0.273	−0.620*	−0.084	−0.305	−0.478	−0.568*

表3.52　落叶灌木落叶末期对气候因子的响应

落叶灌木	各气候因子	回归方程	气候响应解释
1. 日本樱花	X_2为10—11月平均最高气温/℃ X_6为10—11月白天≥10 ℃有效积温/(℃·d)	$Y=2.534X_2+0.040X_6-66.536$	日本樱花落叶末期与X_2、X_6呈显著正相关。10—11月平均最高气温每升高1 ℃，落叶末期延迟2.5 d；10—11月白天≥10 ℃有效积温每升高1 ℃·d，落叶末期延迟0.04
2. 紫薇	X_1为10—11月平均气温/℃	$Y=6.447X_1-92.275$	紫薇落叶末期与X_1呈显著正相关。10—11月平均气温每升高1 ℃，落叶末期延迟6.5 d
3. 二乔玉兰	X_1为10—11月平均气温/℃ X_2为10—11月平均最高气温/℃ X_6为10—11月白天≥10 ℃有效积温/(℃·d) X_7为10—11月夜间≥10 ℃有效积温/(℃·d)	$Y=1.068X_1+2.675X_2+1.232X_6+1.017X_7-260.737$	二乔玉兰落叶末期与X_1、X_2、X_7呈显著正相关，与X_6呈极显著正相关。10—11月平均气温每升高1 ℃，落叶末期延迟1.1 d；10—11月平均最高气温每升高1 ℃，落叶末期延迟2.7 d；10—11月白天≥10 ℃有效积温每升高1 ℃·d，落叶末期延迟1.2 d；10—11月夜间≥10 ℃有效积温每升高1 ℃·d，落叶末期延迟1.0 d

续表

落叶灌木	各气候因子	回归方程	气候响应解释
4. 羽毛枫	X_3为9—10月平均最低气温/℃ X_5为9—10月总降雨量/mm X_7为9—10月夜间≥10 ℃有效积温/(℃·d)	$Y=-12.637X_3-0.089X_5-0.197X_7+130.206$	羽毛枫落叶末期与X_3、X_5、X_7呈显著负相关。9—10月平均最低气温每升高1 ℃,落叶末期提前12.6 d;9—10月总降雨量每增加1 mm,落叶末期提前0.1 d;9—10月夜间≥10 ℃有效积温每升高1 ℃·d,落叶末期延迟0.2 d
5. 美人蕉	X_1为12月—翌年1月平均气温/℃ X_2为12月—翌年1月平均最高气温/℃	$Y=6.653X_1+9.583X_2-282.650$	美人蕉落叶末期与X_1、X_2呈显著正相关。12月—翌年1月平均气温每升高1 ℃,落叶末期延迟6.7 d;12月—翌年1月平均最高气温每升高1 ℃,落叶末期延迟9.6 d
6. 芍药	X_3为5—6月平均最低气温/℃ X_7为5—6月夜间≥10 ℃有效积温/(℃·d)	$Y=-8.746X_3-0.163X_7+487.440$	芍药落叶末期与X_3、X_7呈显著负相关。5—6月平均最低气温每升高1 ℃,落叶末期提早8.7 d;5—6月夜间≥10 ℃有效积温每升高1 ℃·d,落叶末期提早0.2 d

落叶末期前两个月平均气温每升高1 ℃,落叶末期紫薇延迟6.5 d、美人蕉延迟6.7 d、二乔玉兰延迟1.1 d;10—11月平均最高气温每升高1 ℃,日本樱花、二乔玉兰、美人蕉落叶末期分别延迟2.5 d、2.7 d、9.6 d;羽毛枫和芍药落叶末期前两个月平均最低气温每升高1 ℃,落叶末期分别提早12.6 d、8.7 d;积温影响小。

3.5.3 落叶针叶植物落叶末期对气候生态因子的响应

经2个落叶针叶植物的落叶末期与前两个月气候因子相关统计,只有1个落叶针叶植物与气候因子呈显著正相关,见表3.53。根据显著相关建立回归方程,并作出响应程度解释,见表3.54。

表3.53 落叶针叶植物落叶末期与前两个月气候因子的相关系数

落叶针叶植物	9—10月平均气温(X_1)	9—10月平均最高气温(X_2)	9—10月平均最低气温(X_3)	9—10月总日照时数(X_4)	9—10月总降雨量(X_5)	9—10月白天≥10 ℃有效积温(X_6)	9—10月夜间≥10 ℃有效积温(X_7)
1. 金钱松	−0.188	−0.160	−0.326	−0.059	−0.282	−0.244	−0.259
	10—11月平均气温(X_1)	10—11月平均最高气温(X_2)	10—11月平均最低气温(X_3)	10—11月总日照时数(X_4)	10—11月总降雨量(X_5)	10—11月白天≥10 ℃有效积温(X_6)	10—11月夜间≥10 ℃有效积温(X_7)
2. 水杉	0.407	0.560*	0.002	0.286	−0.134	0.396	0.281

表 3.54 落叶针叶植物落叶末期对前两个月气候因子的响应

落叶针叶植物	各气候因子	回归方程	气候响应解释
1. 水杉	X_2为10—11月平均最高气温/℃	$Y=6.725X_2-119.749$	水杉落叶末期与X_2呈显著正相关。10—11月平均最高气温每升高1 ℃，落叶末期延迟6.7 d

水杉落叶末期与前两个月平均最高气温有关，月平均最高气温每升高1 ℃，落叶末期延迟6.7 d。

3.5.4 落叶果树落叶末期对气候生态因子的响应

经4个落叶果树的落叶末期与前两个月气候因子相关统计，有1个呈显著和极显著相关，见表3.55。根据显著或极显著相关建立回归方程，并作出响应程度解释，见表3.56。

表 3.55 落叶果树落叶末期与前两个月气候因子的相关系数

落叶果树	9—10月平均气温(X_1)	9—10月平均最高气温(X_2)	9—10月平均最低气温(X_3)	9—10月总日照时数(X_4)	9—10月总降雨量(X_5)	9—10月白天≥10 ℃有效积温(X_6)	9—10月夜间≥10 ℃有效积温(X_7)
1. 枣树	0.505*	0.436	0.502*	0.090	−0.248	0.650**	0.653**
2. 柿树	0.325	0.177	0.273	0.448	0.167	0.31	0.317
	10—11月平均气温(X_1)	10—11月平均最高气温(X_2)	10—11月平均最低气温(X_3)	10—11月总日照时数(X_4)	10—11月总降雨量(X_5)	10—11月白天≥10 ℃有效积温(X_6)	10—11月夜间≥10 ℃有效积温(X_7)
3. 桃树	0.001	−0.240	0.389	−0.487	−0.024	0.044	0.162
4. 石榴	0.412	0.367	0.213	−0.229	−0.225	0.464	0.417

表 3.56 落叶果树落叶末期对前两个月气候因子的响应

落叶果树	各气候因子	回归方程	气候响应解释
1. 枣树	X_1为9—10月平均气温/℃ X_3为9—10月平均最低气温/℃ X_6为9—10月白天≥10 ℃有效积温/(℃·d) X_7为9—10月夜间≥10 ℃有效积温/(℃·d)	$Y=6.630X_1+6.805X_3+0.890X_6+1.537X_7+297.066$	枣树落叶末期与X_1、X_3呈显著正相关，与X_6、X_7呈极显著正相关。9—10月平均气温每升高1 ℃，落叶末期延迟6.6 d；9—10月平均最低气温每升高1 ℃，落叶末期延迟6.8 d；9—10月白天≥10 ℃有效积温每升高1 ℃·d，落叶末期延迟0.9 d；9—10月夜间≥10 ℃有效积温每升高1 ℃·d，落叶末期延迟1.5 d

落叶末期前两个月平均气温每升高1 ℃，落叶末期枣树延迟6.6 d；落叶末期前两个月平均最低气温每升高1 ℃，枣树落叶末期延迟6.8 d。

根据以上各种植物主要生育期统计分析的结果，始展叶和始花期受气温的影响最大，果实成熟期、叶变色和落叶末期受气温的影响弱于始展叶和始花期。这与已有的研究结果是一致的，只不过生育期提前或推迟的天数不同而已。今后研究需考虑不同植物生物学特性、地温和土壤水分等。

3.6 典型年份木本植物对暖冬和冷冬年的响应

从2002年观测至今,选择江西有代表性的木本植物100种,根据典型年份的物候期分析,可以看出木本植物物候期对暖冬年和冷冬年的响应。

3.6.1 研究方法

选择2003—2005年有代表性的年景,将100种木本植物各生育物候期与上年度比较,初选出萌芽、芽叶开放、始展叶、盛展叶、始花、盛花、花末、果实成熟8个物候期的提早或推迟天数,再从中筛选出提早或推迟天数明显的阔叶落叶植物4种(鹅掌楸、白花泡桐、梧桐、二球悬铃木)、小叶落叶植物4种(白榆、枫香、苦楝、紫穗槐)、常绿乔木5种(珊瑚树、冬青、樟树、阴香、山杜英)、常绿灌木4种(海桐、红翅槭、棕榈、油茶)、常绿针叶植物4种(柳杉、杉木、侧柏、罗汉松)、落叶针叶植物2种(金钱松、水杉),观赏落叶乔木(含小乔木)4种(紫薇、合欢、二乔玉兰、白玉兰)、观赏落叶灌木5种(蜡梅、紫荆、石榴、木芙蓉、木槿)、观赏常绿灌木3种(桂花、夹竹桃、山茶花)与气象因子进行相关分析。设Y为物候期提早或推迟天数,X为气象因子,根据各物候期出现的时间,设各生育期平均气温(X_1)、平均最高气温(X_2)、平均最低气温(X_3)、日照时数(X_4)、降雨量(X_5)和雨日天数(X_6),各气象因子萌芽期选1—2月,芽叶开放期选3月,始展叶期选3—4月,盛展叶期选4月,开花始期选3—6月(山茶花、紫荆、蜡梅、木芙蓉除外),开花盛期选4—6月,开花末期选4—7月,果实成熟期选9—11月。在Excel上进行处理,建立数学表达式。

3.6.2 研究结果

(1)不同年景物候期比较分析

根据所在地气象数据统计,2003年10—12月气温比正常年份偏高0.9 ℃,平均为15.3 ℃;日照时数比正常年份偏多67 h,为563 h;降雨量116 mm,较常年少3.8成。2004年1—3月平均气温为9.1 ℃,比常年偏高1.6 ℃;日照时数为301 h,较常年偏多42 h;降雨量为263 mm,较常年偏少2.8成。气温偏高、日照增加导致2004年物候期普遍提早。2005年1—2月出现了罕见的冬季连阴雨(雪)天气(在40 d以上),农历岁末出现了冰冻天气,3月出现了罕见的春季寒潮雨雪天气过程。气温较常年偏低1.8 ℃;日照较常年偏少102 h,为157 h;降雨量为449 mm,较常年偏多2.2成。冬春连阴雨低温天气是导致物候期普遍推迟的主要原因,见表3.57。

表3.57 各物候期提早或推迟天数比较("+"表示提早天数;"—"表示推迟天数) 单位:d

木本植物类型	与上年比较	萌芽期	芽叶开放	始展叶期	盛展叶期	始花期	盛花期	末花期	果实成熟
阔叶落叶植物	2004年与2003年比物候期提早	+10	+22	+10	+1	+17	+12	+28	+36
	2005年与2004年比物候期推迟	−15	−9	−15	−6	−22	−13	−10	−18

续表

木本植物类型	与上年比较	萌芽期	芽叶开放	始展叶期	盛展叶期	始花期	盛花期	末花期	果实成熟
小叶落叶植物	2004 年与 2003 年比物候期提早	+13	+16	+19	+6	+38	+38	+50	+16
	2005 年与 2004 年比物候期推迟	−30	−33	−36	−18	−26	−27	−39	−32
常绿乔木	2004 年与 2003 年比物候期提早	+9	+4	+11	+10	+15	+12	+8	+20
	2005 年与 2004 年比物候期推迟	−23	−38	−28	−23	−12	−21	−11	/
常绿灌木	2004 年与 2003 年比物候期提早	+47	+11	+13	+30	+20	+11	+50	+30
	2005 年与 2004 年比物候期推迟	−74	−41	−37	−17	−27	−46	−14	−80
常绿针叶植物	2004 年与 2003 年比物候期提早	+20	+24	+23	+16	+4	+34	+11	+28
	2005 年与 2004 年比物候期推迟	−23	−20	−22	−10	−22	−22	−25	−24
落叶针叶植物	2004 年与 2003 年比物候期提早	+19	+6	+6	+1	+4	+4	+6	/
	2005 年与 2004 年比物候期推迟	−30	−47	−14	−16	−12	−10	−8	/
观赏落叶乔木	2004 年与 2003 年比物候期提早	+25	+13	+11	+5	+16	+14	+6	+25
	2005 年与 2004 年比物候期推迟	−30	−24	−19	−10	−28	−26	−24	−20
观赏落叶灌木	2004 年与 2003 年比物候期提早	+24	+15	+13	+17	+10	+7	+8	+27
	2005 年与 2004 年比物候期推迟	−34	−26	−22	−17	−9	−5	−17	−20
观赏常绿灌木	2004 年与 2003 年比物候期提早	+15	+21	+17	+8	+16	+17	+7	/
	2005 年与 2004 年比物候期推迟	−9	−31	−38	−25	−20	−5	−32	/

(2)暖冬年后木本植物物候期响应分析

阔叶落叶植物和小叶落叶植物两种类型的物候期提早天数与气象因子显著相关，见表 3.58。表 3.58 数学模型反映出，4 种阔叶落叶植物（鹅掌楸、白花泡桐、梧桐、二球悬铃木）物候期的提早，与各生育期平均气温、平均最高气温、平均最低气温、日照时数均呈正相关。各生育期平均气温提高 1 ℃，物候期平均提早 1.0 d；平均最高气温提高 1 ℃，物候期平均提早 0.8 d；平均最低气温提高 1 ℃，物候期平均提早 1.1 d；日照时数对延长物候期天数影响不大。

表 3.58　木本植物 2004 年比 2003 年提早物候期天数与气象因子相关分析

植物	各气象因子	方程	相关系数(R)
阔叶落叶植物（鹅掌楸、白花泡桐、梧桐、二球悬铃木）平均提早物候期天数(Y_1)	各生育期平均气温/℃(X_1)	$Y_1=1.0288X_1+0.8085$	0.6187
	各生育期平均最高气温/℃(X_2)	$Y_1=0.8055X_2+1.8002$	0.5689
	各生育期平均最低气温/℃(X_3)	$Y_1=1.1454X_3+4.7868$	0.5926
	各生育期日照时数/h(X_4)	$Y_1=0.0337X_4+5.9313$	0.5926
小叶落叶植物（白榆、枫香、苦楝、紫穗槐）平均提早物候期天数(Y_2)	各生育期平均最高气温/℃(X_2)	$Y_2=1.906X_2-14.120$	0.8533
	各生育期平均最低气温/℃(X_3)	$Y_2=2.1480X_3+1.5970$	0.8271
	各生育期日照时数/h(X_4)	$Y_2=0.0652X_4+3.0935$	0.8363
	各生育期降雨量/mm(X_5)	$Y_2=0.0466X_5+9.5559$	0.9600
	各生育期雨日/d(X_6)	$Y_2=0.5454X_6+5.6836$	0.9640

4 种小叶落叶植物(白榆、枫香、苦楝、紫穗槐)物候期的提早与各生育期平均最高气温、平均最低气温、日照时数、降雨量和雨日也呈正相关。各生育期平均最高气温升高 1 ℃,平均物候期提早 1.9 d;各生育期平均最低气温升高 1 ℃,平均物候期提早 2.1 d:雨日对物候期提早也影响较大;各生育期雨日增加 1 d,平均物候期提早 0.5 d。

(3)阴湿冷冬年木本植物物候期响应分析

从表 3.59 定量分析知,5 种常绿乔木(珊瑚树、樟树、冬青、阴香、山杜英)、5 种落叶灌木(蜡梅、紫荆、石榴、木芙蓉、木槿花)和 2 种常绿灌木(桂花、夹竹桃)物候期的推迟与各生育期气象因子均呈显著负相关。

表 3.59　木本植物 2005 年比 2004 年推迟物候期天数与气象因子相关分析表

植物	各气象因子	方程	相关系数(R)
常绿乔木(珊瑚树、樟树、冬青、阴香、山杜英)物候期平均推迟天数(Y_1)	各生育期平均最低气温/℃(X_3)	$Y_1=-0.6228X_3+31.7437$	−0.5466
	各生育期日照时数/h(X_4)	$Y_1=-0.0376X_4+33.6710$	−0.7470
	各生育期降雨量/mm(X_5)	$Y_1=-0.0222X_5+31.8373$	−0.7835
	各生育期雨日/d(X_6)	$Y_1=-0.4107X_6+35.5306$	−0.8310
落叶灌木(蜡梅、紫荆、石榴、木芙蓉、木槿花)物候期平均推迟天数(Y_2)	各生育期平均气温/℃(X_1)	$Y_2=-0.6187X_1+25.3634$	−0.5804
	各生育期平均最低气温/℃(X_3)	$Y_2=-0.7326X_3+24.7803$	−0.7011
	各生育期日照时数/h(X_4)	$Y_2=-0.0303X_4+23.5321$	−0.6569
	各生育期降雨量/mm(X_5)	$Y_2=-0.0202X_5+22.8511$	−0.7779
	各生育期雨日/d(X_6)	$Y_2=-0.3051X_6+24.3079$	−0.6730
常绿灌木(桂花、夹竹桃)物候期平均推迟天数(Y_3)	各生育期降雨量/mm(X_5)	$Y_3=-0.0121X_5+14.0973$	−0.5005

5 种常绿乔木各生育期平均最低气温降低 1 ℃,平均生育期推迟 0.6 d;各生育期雨日减少 1 d,平均生育期推迟 0.4 d;各生育期日照时数和降雨量减少,平均生育推迟微不足道。5 种落叶灌木各生育期平均气温降低 1 ℃,平均生育期推迟 0.6 d;各生育期平均最低气温降低 1 ℃,平均生育期推迟 0.7 d;各生育期雨日减少 1 d,平均生育期推迟 0.3 d;同样各生育期日照时数和降雨量减少,对生育期推迟影响甚微。2 种常绿灌木(桂花和夹竹桃)对光、温、水反应不敏感。

3.6.3　初步结论

植物物候期与气温息息相关,特别是在植物生长发育各阶段的前期。据调查,每个物候期的开始日期与其前 2～3 个月的气温存在显著的相关关系。在中纬度地区,植物的春季物候,如发芽、展叶、开花时期主要取决于气温的高低。2003 年冬季温度偏高,是诱导来年木本植物物候期普遍提早的主要原因。

平均最低气温的降低,日照时数、降雨量、降雨日的减少导致木本植物物候期延迟,但不同树种延迟天数不一样。平均最低气温降低 1 ℃、降雨日减少 1 d,常绿乔木植物物候期推迟 0.62～0.41 d,平均气温和平均最低气温降低 1 ℃,落叶灌木植物物候期推迟 0.62～0.73 d。

日照时数和降雨量对常绿乔木、落叶和常绿灌木的生育期提早、推迟都没有太大影响。

参考文献

张福春,1983. 北京春季的树木物候与气象因子的统计学分析[J]. 地理研究,2(2):29-31.

郑景云,葛全胜,郝志新,等,2002. 气候增暖对我国近40年植物物候变化的影响[J]. 科学通报,47(20):1582-1587.

Fitter A H,Fitter R S R,Harris I T B,et al,1995. Relations between first flowering date and temperature in the flora of a locality in central England[J]. Funct Ecol(9):55-60.

Sparks T H,Carey P D,1995. The responses of species to climate over two centuries:an analysis of the Marsham phonological recoed,1736～1947[J]. Ecol,83:321-329.

4 自然物候观测图

4.1 植物物候观测图

4.1.1 落叶乔木

鹅掌楸　　加杨

复羽叶栾树　　肥皂荚

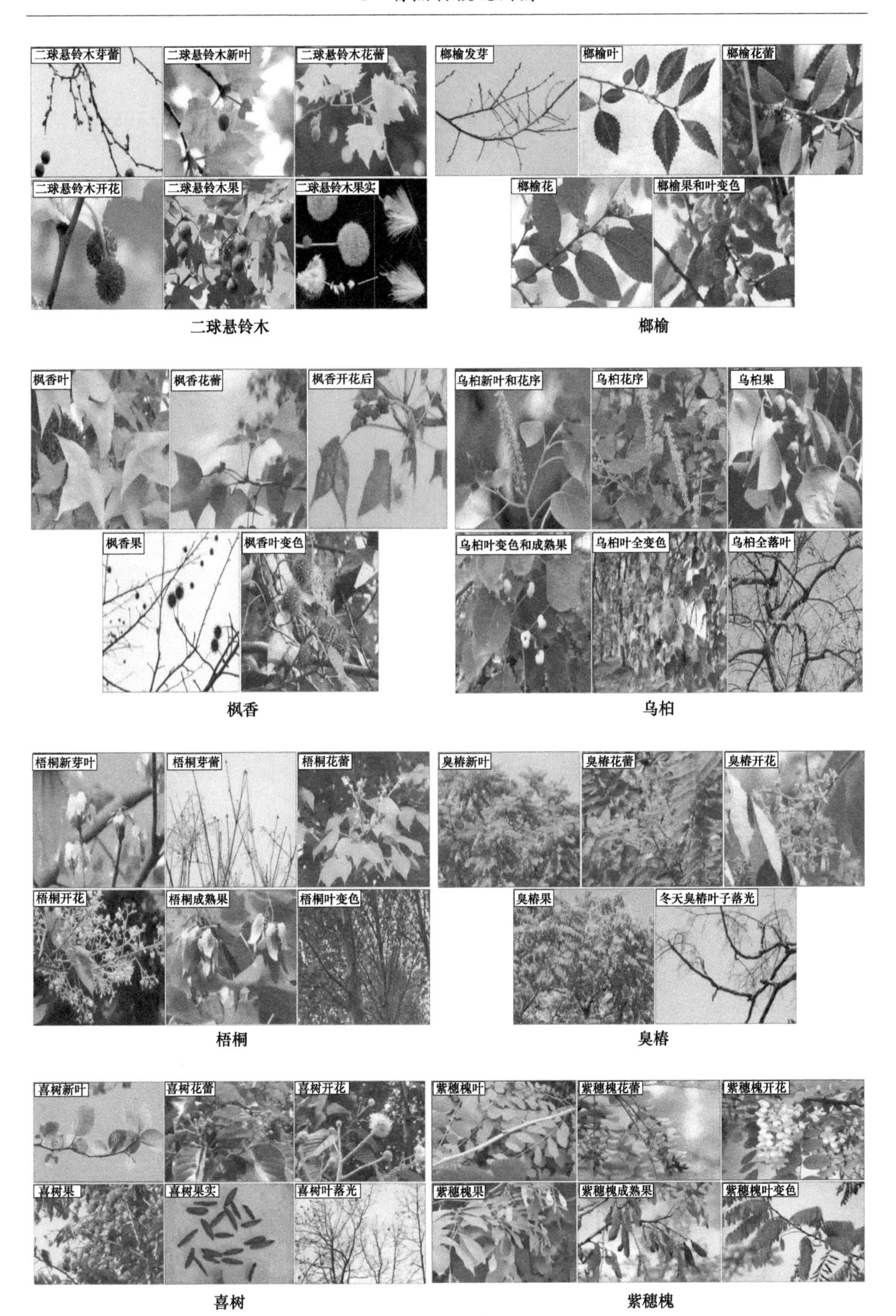
二球悬铃木芽蕾
二球悬铃木新叶
二球悬铃木花蕾
二球悬铃木开花
二球悬铃木果
二球悬铃木果实
二球悬铃木
榔榆发芽
榔榆叶
榔榆花蕾
榔榆花
榔榆果和叶变色
榔榆
枫香叶
枫香花蕾
枫香开花后
枫香果
枫香叶变色
枫香
乌桕新叶和花序
乌桕花序
乌桕果
乌桕叶变色和成熟果
乌桕叶全变色
乌桕全落叶
乌桕
梧桐新芽叶
梧桐芽蕾
梧桐花蕾
梧桐开花
梧桐成熟果
梧桐叶变色
梧桐
臭椿新叶
臭椿花蕾
臭椿开花
臭椿果
冬天臭椿叶子落光
臭椿
喜树新叶
喜树花蕾
喜树开花
喜树果
喜树果实
喜树叶落光
喜树
紫穗槐叶
紫穗槐花蕾
紫穗槐开花
紫穗槐果
紫穗槐成熟果
紫穗槐叶变色
紫穗槐

苦楝　　白花泡桐

构树　　蓝果树

白榆　　元宝槭

麻栎　　梓树

毛红椿　　白玉兰

锥栗　　小鸡爪槭

龙爪槐　　垂柳

湖北海棠　　油桐

枫杨　　檫木

合欢　香椿

榉树　板栗

黄檀　桑树

4.1.2 常绿乔木

木荷花蕾
木荷开花
木荷结果
木荷成熟果
木荷宿冬果和新芽叶
木荷
珊瑚树新芽
珊瑚树花蕾
珊瑚树盛花
珊瑚树果
珊瑚树
樟树芽蕾
樟树芽膨大
樟树始花
樟树盛花
樟树果
樟树
大叶樟新叶
大叶樟芽蕾
大叶樟花蕾
大叶樟开花
大叶樟果
大叶樟成熟果
大叶樟
四川山矾花蕾
四川山矾开花
四川山矾幼果
四川山矾果
四川山矾
苦槠花蕾
苦槠开花
苦槠果
苦槠成熟果
苦槠

乐昌含笑　　女贞

阴香　　山杜英

石栎　　广玉兰

醉香含笑花蕾形成
醉香含笑花蕾露白
醉香含笑花蕾
醉香含笑始花
醉香含笑盛花
醉香含笑果实
醉香含笑
棕榈叶
棕榈花蕾
棕榈开花
棕榈果实
棕榈
巴东木莲花芽
巴东木莲花蕾
巴东木莲开花
巴东木莲果
巴东木莲
红翅槭花蕾
红翅槭蕾和花
红翅槭开花
红翅槭果
红翅槭成熟果
红翅槭
深山含笑新叶
深山含笑花蕾
深山含笑开花
深山含笑果
深山含笑成熟果
深山含笑
冬青叶
冬青花蕾
冬青开花
冬青花
冬青果
冬青

4.1.3 常绿灌木

油茶　海桐

大叶黄杨　石楠

豪猪刺　桂花

含笑　湖北羊蹄甲

杜鹃　红花檵木

夹竹桃

栀子花

丝兰

山茶花

野迎春花

金丝桃

4.1.4 落叶灌木

紫微

金钟花

红叶李　　二乔玉兰

羽毛枫　　蜡梅

紫荆　　红叶碧桃

木芙蓉　　木槿

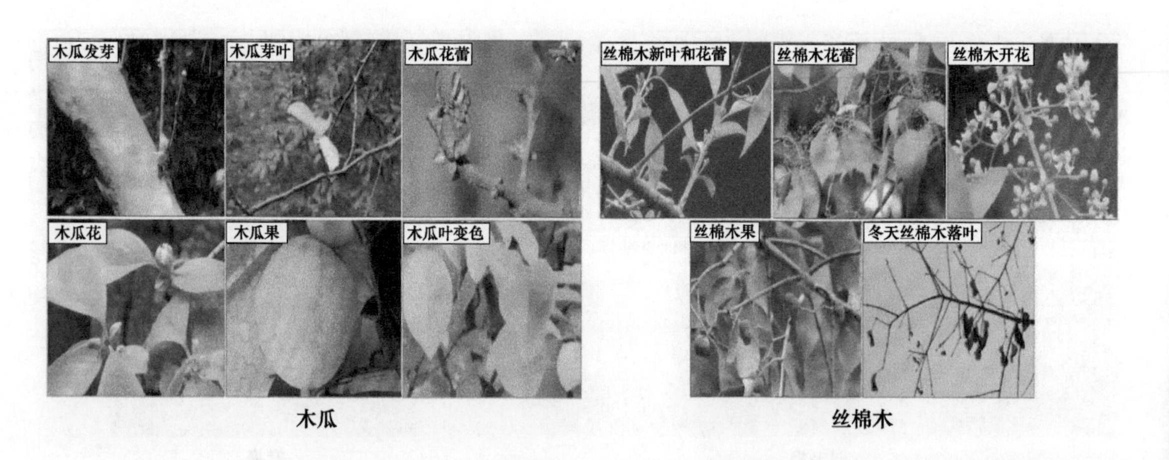

木瓜　　丝棉木

日本晚樱　　绣球

4.1.5　果树

枇杷

枣

桃

柿

石榴

柑橘

杨梅

4.1.6 常绿针叶植物

柳杉　　日本柳杉

湿地松新芽叶
湿地松新叶
湿地松花蕾
湿地松开花
湿地松球果

火炬松新叶
火炬松发芽
火炬松花蕾
火炬松开花
火炬松成熟果

湿地松　　火炬松

杉木　　侧柏

圆柏　　罗汉松

马尾松　　黑松

4.1.7 落叶针叶植物

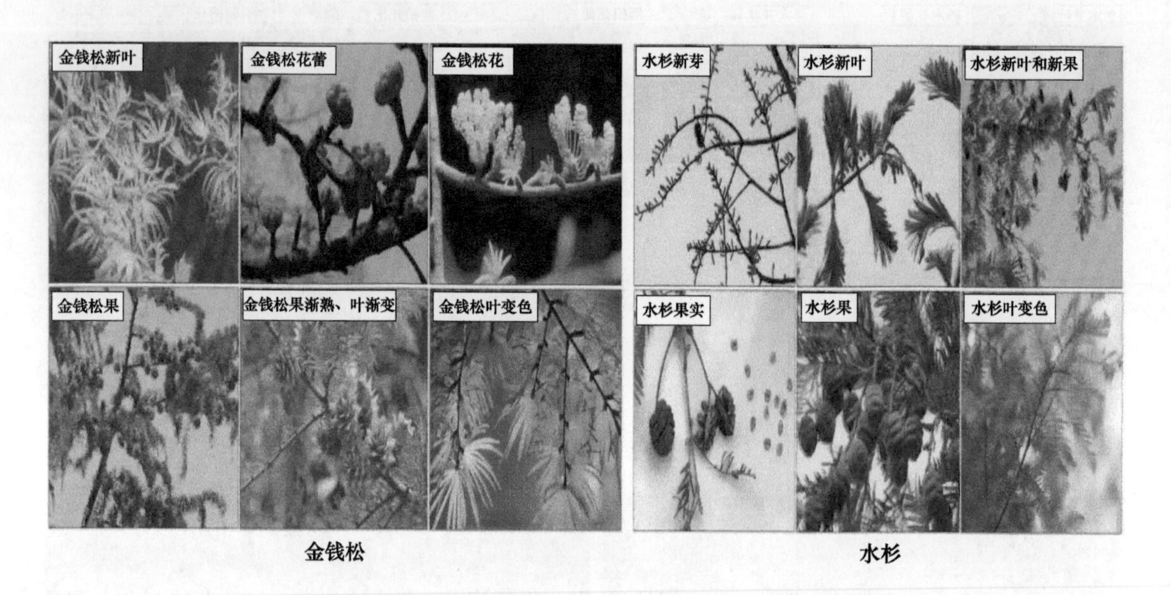

金钱松　　　　水杉

4.2 动物

蜜蜂1　　蜜蜂2

青蛙　　沼蛙

蚱蝉1

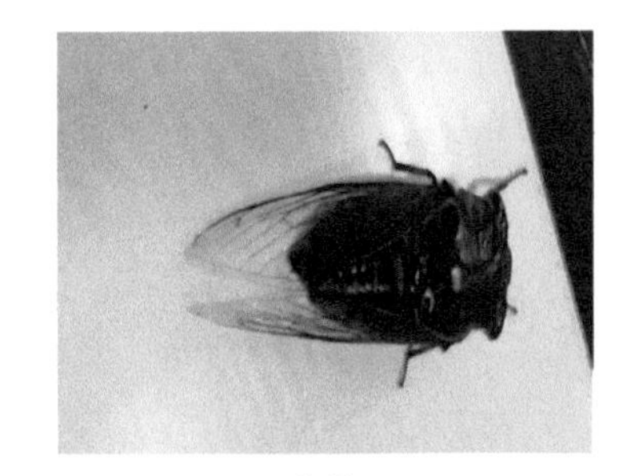

蚱蝉2

蟋蟀

大杜鹃

黑蝴蝶

白蝴蝶

兰蝴蝶

褐蝴蝶采花粉

4.3 气象、水文物候现象

青菜结霜

雪与油菜

下雪

河流结冰

彩虹

霓和虹

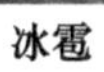

冰雹

冰雹对烤烟的危害

辐射雾

平流雾

山坡雾

水雾

附:图 2.1b 所对应彩图

图 2.1　南昌物候观测站(b. 物候站植被分布)

(对应正文见第 9 页)